寻找、时间的源头

汪波 著

GUANGXI NORMAL UNIVERSITY PRESS
广西师范大学出版社
·桂林·

XUNZHAO SHIJIAN DE YUANTOU
寻找时间的源头

出版统筹：汤文辉
品牌总监：耿　磊
选题策划：耿　磊
责任编辑：王芝楠　徐艳丽
美术编辑：刘冬敏
营销编辑：杜文心　钟小文
责任技编：王增元

图书在版编目（CIP）数据

寻找时间的源头 / 汪波著．—桂林：广西师范大学出版社，2020.8
（时间之问：少年版；1）
ISBN 978-7-5598-3020-3

Ⅰ．①寻…　Ⅱ．①汪…　Ⅲ．①时间—少年读物　Ⅳ．①P19-49

中国版本图书馆 CIP 数据核字（2020）第 124690 号

广西师范大学出版社出版发行
（广西桂林市五里店路 9 号　邮政编码：541004
网址：http://www.bbtpress.com）
出版人：黄轩庄
全国新华书店经销
北京博海升彩色印刷有限公司印刷
（北京市通州区中关村科技园通州园金桥科技产业基地环宇路 6 号　邮政编码：100076）
开本：889 mm × 720 mm　1/16
印张：9　　字数：71 千字
2020 年 8 月第 1 版　　2020 年 8 月第 1 次印刷
定价：42.00 元

序言

各位好奇心旺盛的少年朋友们好，

此刻你们捧着这本书，也许很好奇作者是谁？而我同样看不到你们，也好奇地想象着读这本书的人是谁？在我眼前，出现了未来的科学家、音乐家、工程师，还有医生、程序员、诗人，又或是任何一个普通人。我猜你们都喜欢在大自然里自由自在地行走，喜欢梦想未来。

我小时候也喜欢梦想将来。前些天我翻出了初中的一篇日记，上面写到了我的一个梦想。有一次我发现数学里的函数居然和物理图像有着紧密的联系，一瞬间两门学科像交错生长的植物关联在一起，这个发现让我非常兴奋。于是我有了一个异想天开的梦想：将来我要把各科知识有机结合起来，互相促进，寻找出它们之间的内在联系……

后来在忙碌的学业和工作中，这个想法渐渐淡忘了。但它没有完全消失，只是悄悄埋在了心里。如今这个想法生根发芽了，我迫切地想把它分享给你们。那么，我会如何完成这个艰巨的任务，把不同的学科串联起来呢？我选择的是一种特殊的材料——时间。因为，在时间里隐藏着广阔宇宙和微小粒子的秘密，在时间里铭刻着我们生生不息的文化和节气民俗，在时间里运行着身体和生命的规律。那么，如何用时间串联起这一切呢？不是在课堂上，而是在旅行中。我邀请你一起加入一场父母和孩子的旅行，在群山中倾听大自然的呢喃，在大自然中漫步、搭帐篷、登山漂流，跟亲近的人探索其中的天文、物理和生命的奥秘，这会不会是一种很酷的体验呢？

作为一个好奇的少年，也许你很想弄清楚：宇宙是如何起源的？夜空为什么是黑色的？时间能倒流吗？节气是阴历还是阳历？钟表为什么嘀嗒嘀嗒地走动？为什么人到了晚上就会困倦？让我们一起在旅行中发现这一切。每个周末，两个孩子会跟着爸妈出去探索自然。野外无穷的新鲜事物，孩子们都喜欢叽叽喳喳向父母问个不停。每次出游都有一个与时间有关的主题，或者是节气、或者是天文，又或者是动植物。我希望你们以世界作为唯一的书本，体会这些令人激动的发现时刻。

我们会探索时间的起源，时间的箭头和方向，宇宙在时间中的演化，节气和闰月，精密的时钟和人体里的生物钟。你会了解到我们农历新年的日期起源于何时，时间在高山上比在平原上流动得快那么一点点，时间的箭头有可能反过来，从未来流向过去，而身体里的生物钟也会跟随着地球自动调节时间。我会用一锅意大利字母面来比喻宇宙的起源，用帐篷里的影子来描述十二星座，用小溪里的漂流来说明时间如何变慢，用荡秋千来演示时钟的原理，用积木来解释闰月是怎么回事，用远去的汽车尾灯来形容宇宙如何加速膨胀。

除了收获知识，我更希望你们能在大自然中体验到生命的瑰丽和亲情的美好，体会到父母对你们的付出和陪伴的不易。在野外露营中，拆装帐篷、挖沟渠，这些活儿都缺少不了爸爸，爸爸在科学方面的丰富知识和野外环境中的沉着冷静是你们的榜样；当然妈妈的悉心陪伴也不可或缺，妈妈在文学、诗歌、音乐方面的修养是你们的心灵的营养。

也许你们现在每天都有一些奇妙的想法，那么请好好收藏它们，万一哪天实现了呢，就像我曾经的这个知识融合的想法。也许曾经有门课你无论如何努力都学不好，但这很可能与智力根本无关，只是与某个特定思考方式有关。也许这场野外旅行中的某个情景会让你有所领悟，为你打开一扇新的大门。

我想象不出，这部作品会以一种什么样的方式影响到你。也许它只是陪你度过一段时光。也许它为你通往宇宙的奥秘打开了一道门缝，让你直接体会到世界的神奇，而无须陷在公式堆里。也许它为你展示了先人的智慧和他们留下的巨大遗迹，令你对他们刮目相看。也许你会意识到所谓的现在并不存在，从而不再纠结于英语的过去时和现在时。也许你会恍然明白世界不再以你为中心——不论是在家里还是在广阔宇宙里，而你也能从容以待。又或者对着星空发呆时，你会突然意识到你身体的元素亿万年前也曾经飘曳在那里，经过漫长的旅行重新汇聚在你的身体里……

世界在你面前展现为一个圆环，而你是其中的一段弧，与大自然、父母以及所有人连接在一起。

那么，让我们开始这段时间之旅吧！

目录

第一章 融合

第二章 诞生

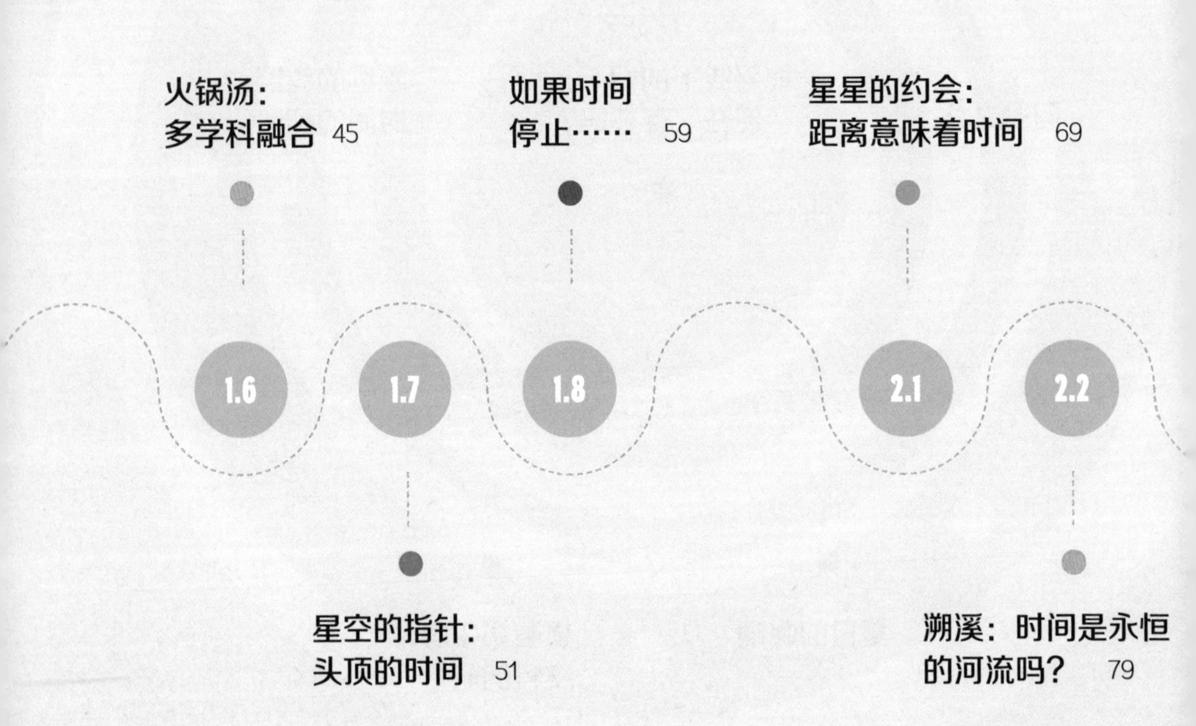

2.3
2.4
2.5
2.6
2.7

第一章

融合

回家之路

客厅的一个大地球仪前，哥哥和妹妹正埋头查看一个个国家和城市。妹妹手里拿着五角星图案的贴纸。

“爸爸的飞机什么时候起飞呀？”5 岁的妹妹抬起头来问妈妈。

妈妈把一束花插进花瓶中，抬眼看了一眼墙上的时钟：“还有 10 分钟。”

妹妹取下一颗五角星，看了看比她大 6 岁的哥哥。哥哥点点头，妹妹把五角星贴到了大西洋海岸边的一个地方。

暑假开始了，爸爸即将回国休假。这天下午 5 点，兄妹俩不断计算着爸爸回家的行程，这段路程跨越半个地球，他们准备在爸爸飞机沿途经过的地方贴上五角星。

“爸爸那边现在几点？”哥哥问妈妈。

“爸爸那里比我们靠西，所以太阳要晚出来几个小时，现在那里还是上午 10 点呢。”

“那爸爸几点才飞到中国？”

“要到后半夜了。”

一个小时后，一颗新的五角星被贴在了地球仪上。几个小时后，这些五角星渐渐连成一条弯弯曲曲的线。此时夜已经深了，两个孩子的困倦却一扫而空。

“我们还不想睡觉，也睡不着。”哥哥对妈妈说。

“是吗，你们确定不困？”

兄妹俩点点头。

“对了！”妹妹突然想起了什么，“爸爸下了飞机后，怎么回家呢？”

“坐早上 7 点的火车。”妈妈说。

“哦，这么早。”妹妹打了一个哈欠。

“那我们给爸爸一个惊喜，怎么样？”哥哥突然有了一个主意。

“什么惊喜？”妹妹瞪大眼睛问。

“我们直接去机场接他！”11 岁的哥哥已经很有主见。

“哈？！这我倒没想过。”妈妈说。

“去嘛！去嘛！”妹妹直接去拿妈妈的挎包。妈妈想了一下，点点头。

哥哥和妹妹都为这个主意感到激动，他们立刻换好鞋，和妈妈一起下了楼。

妈妈小心翼翼地驾驶着汽车。上了高速后，妹妹撑不住，靠在一边睡着了，哥哥也眯了一会儿。

两个小时后，下高速经过收费站时，妹妹和哥哥被减速带颠醒了。看着远处犹如大鹏展翅的机场，即将见到爸爸的激动让他们一下子清醒过来。

一架飞往中国的国际航班上，绝大部分乘客在酣睡。客舱前部的一个座位上，阅读灯亮着，一位乘客手里拿着两张信纸，上面的字迹有点稚嫩，他却读得很仔细，这是儿子写给他的。信纸上贴了一张黄色贴纸，上面有几行字：“爸爸，语文老师布置作业，让我们写一封信，我就想写给你，希望你能收到。”

亲爱的爸爸：

你出差在外快一年了，妈妈把我和妹妹照顾得很好。每天晚上，我帮妈妈择菜、洗菜、洗碗，妹妹分筷子、端盘子。虽然能坐四个人的餐桌总有一个位子空着，但我们还是习惯把四张椅子都拉出来，凑点人气。

有一次周末我去同学家玩，他们一家正在看一个综艺节目，主持人问：“哪个地方的男人穿裙子？”我同学说是苏格兰，他弟弟说不对，是比利时，他妈妈说是阿根廷，他爸爸说是墨西哥。结果公布答案，我同学说对了，一家人都为他感到骄傲和开心。而我们家呢，已经好久没有这么欢乐的时刻了。那时，我才发觉嘴角有一丝咸味，扭过头去不让他们发现……

爸爸，你相信吗？我现在也慢慢成长为一个男子汉了。在外面的时候，都是我保护妹妹。遇到困难，我学着你的样子绝不退让。只是，在夜里，我一个人躺在床上时，会抱紧我自己……

听说你申请到了暑假回国探亲，我高兴坏了，这下我们家可以好好团聚了。爸爸，你会带我们去哪儿玩呢？

祝旅途顺利！

儿子

××年××月××日

和白天熙熙攘攘、人流涌动的情景相比，凌晨的机场到达大厅空旷而冷清。远处的跑道上偶尔有起落的飞机发出轰鸣声，在寂静的星空下显得很刺耳。

母子三人在到达大厅外的一家咖啡店里坐着。哥哥手里拿着一封航空信，是爸爸写给他的。

亲爱的儿子：

快一年没有见到你了，你一定长高了很多吧？

很高兴你能分担妈妈的负担。你知道吗，每次爸爸在路上听到有孩子喊“爸爸”，都会不自觉地回头张望，因为在我出差的这个国家，“爸爸”的发音和中文一样。只是每一次回头都令我失望。

你是我们家的第一个孩子，我对你倾注了大量心血，也对你提出了高标准和严要求。然而事与愿违。我们相爱，在彼此的怒目中。我们歉疚，在不欢而散后。

和你们分别了一年，我突然意识到以前那样要求你不对。我只看到了你的缺点，却没有看到自己的错误。其实，能够和家人在一起就已经很开心了。

…………

儿子，我想到了暑假的好去处，回家后再告诉你们吧！

爸爸

××年××月××日

时间已接近清晨，爸爸的航班应该要落地了，显示屏上却一直没有提示。这时，外面的跑道上突然响起一阵急促的警报声，妈妈的心头闪过一丝不祥的预感。

消防车、救护车和紧急救援车鱼贯而入，开进了停机坪，红蓝闪烁的警示灯格外醒目。就在这时，一架引擎冒着浓烟的飞机出现在天空中，它缓缓地降低高度，一点儿一点儿地接近跑道。飞机倾斜着落地，稍稍偏离了跑道，但最终停稳了。

又过了许久，机场的广播通知，刚才飞来的航班一个引擎发生故障，单引擎成功降落，所幸无人伤亡。人们这才回过神来，不禁自发地鼓起了掌。

妈妈悬着的一颗心终于放下来了。很快，爸爸拉着行李箱，从大厅里走出来。妈妈和哥哥高高地举起手臂朝他挥动，爸爸吃了一惊，他原本还打算坐火车回家呢，没想到家人都来接他了。刚才在飞机上的恐惧一扫而空，他飞一般地跑了过去。

伴随着喜悦的叫喊声，大家紧紧地拥抱在了一起……

来到停车场，爸爸刚要拉开驾驶位的车门，妈妈拦住他，示意他坐到副驾驶的位置上休息一下，自己开着车载着一家人，缓缓驶上了公路。

早上的第一缕阳光刚好从地平线冒出来，照在车身上熠熠生辉，橘黄色的晨光让爸爸想起了家里餐厅吊灯所发出的柔和光芒。是的，他已经到家了。

时区

如果地球像一枚扁平的硬币，那么，在同一面上的人们会同时迎来日出或进入夜晚。但事实不是这样的，乘飞机进行洲际旅行的人会发现，目的地的时间和出发地的不太一样。

事实上，地球更像一只橘子，它在一天之内自转一圈，每个橘瓣都会依次对准太阳。所以，在同一时刻，地球上

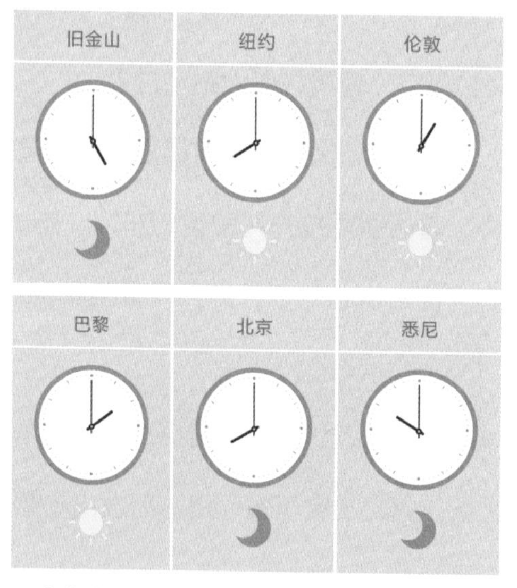

▲北京晚上 8:00 时各地时间（不考虑夏令时）

有些地方是上午，有些地方是下午或晚上，这就是我们所说的“时差”。以伦敦的格林尼治天文台所对应的经线为起点，向东和向西各有 12 个橘瓣，分别代表 24 个时区，每个时区占经度 15°。同一个橘瓣内采用同一时间，相邻橘瓣之间相差一小时。北京在伦敦以东第八个橘瓣上，这个区域被称为“东八区”。有些国家采用多个时区，如美国本土有东部时间、中部时间、山地时间和西部太平洋时间等。

夏日的呢喃

“东西都带齐了吗？”妈妈背着包，手里拎着一个大袋子。

“都带上了。哦，还有露营灯！”爸爸说。

“放在哪儿，在电视柜旁边吗？”妈妈问。

“哦，找到了。小家伙们，准备好了吗？背上你们的包。”爸爸嘱咐道。

所有的东西，帐篷、衣物、餐具、食材等都打包好了，装进了汽车的后备箱里。

这是周五的晚上。简单吃了点东西，一家人开车上路了。“出发！”

出了市区，经过一个多小时后，他们下了高速，来到一个露营地。他们停好车，搬出装备，支起了帐篷。

深蓝的夜幕上点缀着无数星星。由于远离城市的灯火，夜空中的星星看起来异常明亮。哥哥仍然精神抖擞，可是妹妹已经在车上睡着了，妈妈把她抱进了帐篷。

很久没有看到如此美丽的星空了，妈妈和哥哥躺在帐篷里，望着天上的星星发呆。爸爸坐在帐篷外的草地上，四周一片寂静，只有啁啾的夜虫陪伴着他。这是一次简单的郊野之旅，一家人打算在海边的露营地安静地待上两天，放松自己。

“爸爸、妈妈，你们困吗？”哥哥问。

“不困，海边的空气很清爽啊。”爸爸说。

“刚才在车上我想起了一个问题：那天飞机引擎起火，你在飞机上想了些什么？”

“我第一反应是：糟了糟了，以后再也见不到你们了。”爸爸举起双臂摇晃着。

“那时你最大的心愿是什么呢？”妈妈问。

“如果飞机真的出事了，一定凶多吉少。我只愿化作天上的一朵云，你们将来抬头看到任何一朵云时都会想起我。”

“你之前有没有想到会发生这样的事情？”哥哥看着爸爸问。

“真是没想过。生命的无常是人生最不可思议的事情。”

“是吗？那你觉得生命究竟是什么？”哥哥仍然追着爸爸问。

“你的问题可真不少，”爸爸笑了，“让我想一想。”他沉吟了一下，“以前我觉得生命就是活着，但从那以后，我体会到生命是一种馈赠，一种来自时间的馈赠，它是每一天、每一分、每一秒。你活着，世界是你的；你不在了，你的世界也就随之消逝了。”

“可是我不觉得时间给了我什么，反而觉得它像个小偷。”哥哥有点愤愤不平。

妈妈笑了：“为什么你会这么想？”

“因为一切美好的东西我都留不住，它们都会被时间偷走。”

“原来是这样。”爸爸拿了一杯水递给哥哥，“可是你有没有想过，时间总是先给予，再拿去。”

“先给予，再拿去？”哥哥接过杯子。

“是啊，每个人都得到了时间的馈赠，借助一串遗传代码，得以来世上走一遭。”爸爸说。

“时间的馈赠是什么意思？”哥哥喝了一口水问。

“你看我们头顶的银河系，共有几千亿颗恒星，而生命的痕迹寥寥无几。宇宙经过数亿年的演变才有了形成行星所必需的元素，之后又经过数十亿年，才逐渐产生了地球生命所必需的蛋白质，然而，这只是生命的最初阶段。”

“然后呢？”

“再经过数十亿年，这些最简单的生命物质才逐渐聚合形成细菌、植物、动物，逐渐从海洋征服陆地，直到某天，地球上东非的某个角落，猿猴开始从树上爬下来。和动辄上百亿年的宇宙相比，人的生命如此短暂。为了创造这样一个生命，宇宙花费了上百亿年的时间，可是，要带走一个生命却如此轻而易举，我们不得不在心中掂量一下每个生命的分量。”爸爸捡起一块石头放在手掌上。

“可是，为什么每个生命都有终点？想到这儿，我就有种说不出的恐惧。”哥哥说出了自己最担心的事情。

“嗯，人们常说，在生命的终点有死神等着他，耐心地等了他一辈子。死神会结束一个人所拥有的全部时间，不过，”爸爸缓了一下接着说，“死神也有力不能及之处。在它力不能及之处，就是人类舞蹈之时。”

“是吗，什么是死神力不能及的呢？”哥哥感到稍微宽心些。

“就是生和死之间的这一段过程，你能明白吗？”爸爸说完，看了一眼哥哥。

“我不太明白。”

“你想想，在生命的过程中，我们可以欢呼跳跃，我们可以悲伤流泪，我们可以奋笔疾书，我们可以飞上太空、潜下深海。我们用望远镜对准宇宙的深处，去回看宇宙百亿年的历史，我们在显微镜下寻找生命的奥秘。我们爱上别人，我们被别人爱上，我们创造新的生命，传播生命的密码。不论是欣喜感激还是懊恼忏悔，死神都只能做个旁观者，生命的过程是独一无二的。”

“为什么生命的过程是独一无二的？”哥哥追问道。

“你想啊，无论王公贵族还是平民百姓，谁都无法决定自己的父母是谁，自己将诞生于世界的哪一个角落。生命的诞生是一个偶然，是与爱的一次偶遇。因为偶然，所以独一无二。”爸爸说。

“那你和妈妈的相遇也是偶然吗？”

“当然也不例外。但生命一旦诞生，就变成了必然，它就是爱的全部，是与爱的唯一拥抱。”

“对了，”哥哥突然想起一个话题，“那我和妹妹怎么就跑到了你和妈妈身边？”

“这是一个很长的故事。”爸爸缓缓说道，“有一天，我和你妈妈相遇了，于是你和妹妹的生命恰好被赋予了时间，并被冠以名字。”爸爸停了一下，接着说：“接下来，你们会编写一段怎样的人生故事，全由你们自己决定，即使我那天从飞机上摔下来，也改变不了多少。”

爸爸说到这儿停了一会儿，望着头顶的星空，他眼中的星光变得格外晶莹。“这是一则注定不同于我和你妈妈以及其他任何人的独一无二的故事，这就是我们所称的‘生命’。”

看着天上的星星，他们许久没有出声。

夜深了，大家躺在星空下睡着了。

动物和植物生命的最大长度

不同的动物和植物，寿命相差很大。蜉蝣成虫只有 1 天的寿命。勤劳的工蜂平均寿命是 2 个月，在这期间它先是照顾幼蜂的“保姆”，然后成为“采蜜蜂”，最后可能成为发现新蜜源的“侦查蜂”。家鼠的寿命在 2 年左右，驯鹿最长可以活 17 年，蓝鲸则能达到 70—90 岁，大海龟可以活几百岁。而长寿冠军无疑属于植物。松树在中国文化里是长寿的象征。许多杉树的寿命可达上千年，而挪威云杉可以活 5 000 年以上。

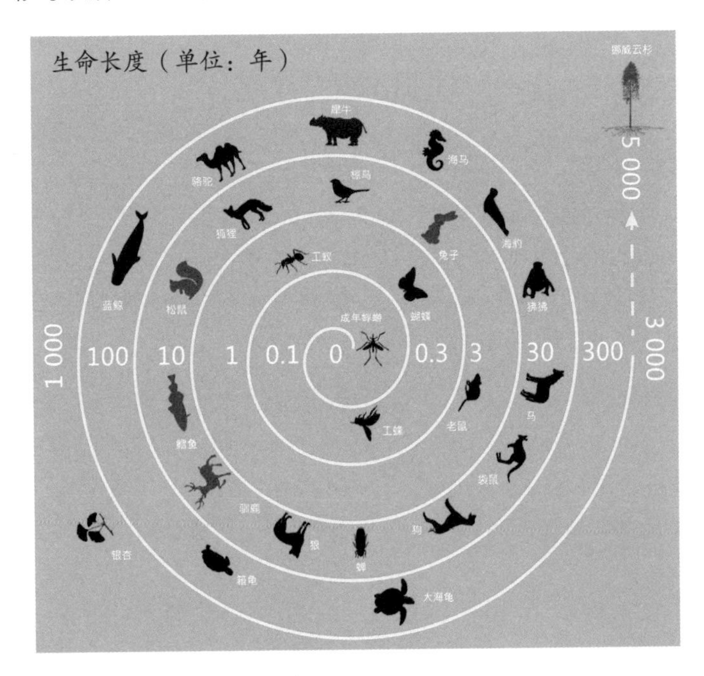

地平线下的朝阳：“现在”存在吗？

大海的波涛拍打了一夜。星星渐渐隐去，只剩下最亮的几颗。慢慢地，这几颗散落的星星也让位给了渐渐明亮的天空。天空好像在发生一种细致均匀的化学反应，白蒙蒙的混沌渐渐消逝，浅蓝一点点变成湛蓝，天空开始变得透亮。

妈妈和爸爸醒了，从帐篷里走了出来，妹妹和哥哥还在睡梦中。

海天之交出现了一丝亮眼的金线，映照着波光粼粼的大海。远处的波涛渐渐移近，轰鸣的声音越来越震耳，浪头越堆越高，拍打在沙滩上，发出震天响声，然后碎成一排白色的浪花。泡沫在细沙间退却，发出丝丝叹息。

这是一个没有闹钟的早晨。爸爸和妈妈坐在沙滩上，一起望着大海，阵阵波涛声松弛了他们紧绷的神经。大自然真是神奇啊，使每个人心中的烦恼在不知不觉中变淡了。爸爸和妈妈彻底忘记了时间，忘记了自己的所在，感到从未有过的轻松。

过了一会儿，兄妹俩也醒了。

哥哥从帐篷里露出半个头："快看，第一缕阳光！"

"真巧，你们赶上了太阳露脸。"妈妈说。

哥哥和妹妹拿出太阳镜戴上，注视着缓缓升起的太阳。

"别被你们的眼睛欺骗了，你们看到的并不是太阳本身。"爸爸突然说了一句。

"不是太阳？那是什么？"哥哥惊讶地问。

"只是太阳的影像而已。确切地说，太阳现在还在地平线以下呢。"爸爸说。

"为什么呢？"妹妹也跟着问。

“因为光线在大气层里的折射，太阳发出的光线拐了一个弯。当我们沿着直线看回去的时候，只是虚构了一个地平线上的太阳而已。”

随着太阳的升高，帐篷、海滩、远处的山峦，都被镀上了一层金色。

洗漱后，大家坐在垫子上，享受着清凉的海风，耳边是翻腾跳跃的波涛声。

“这么说来，眼见不一定为实啊。”妈妈从保温箱里拿了一些饮料和面包出来，大家一起享用早餐。

“真有意思，太阳还没露脸，我们就已经看到它了。”哥哥说。

“是啊，”爸爸说，“而且我们眼睛看到的太阳，也不是现在的太阳，而是 8 分钟前的太阳。”

“我越来越糊涂了，”哥哥说，“我们看到的竟然是从前的太阳？！”

“是啊，为什么呢？”妹妹不解地问。

“因为时间。”爸爸说，“太阳距离地球大约 1.5 亿千米，这又称作 1 个天文单位。光速是每秒 30 万千米，所以光线要经过大约

500 秒才能到达地球，也就是 8 分多钟。”

“哦，原来是这样。那离地球越远的星星，它的光线到达我们这里所花费的时间就越长吗？”哥哥问。

“对，我们看到的就是更加久远的历史。”爸爸说。

“那如果我们站在冥王星上，看到的是多久之前的太阳呢？”哥哥问。

“冥王星最远的地方距离太阳大约有 50 个天文单位，所以阳光要花费 50 倍的时间才能到达那里，大约 25 000 秒，即 7 个小时。”爸爸说。

“这么说，那些天上的恒星，我们看到的都是它们的过去？”哥哥问。

“是啊。我们看到的牛郎星是它 17 年前发出的光。因为光走一年的距离是 1 光年，牛郎星的光到达地球历经 17 年，所以它距离地球 17 光年。我们看到的织女星是它 25 年前发出的光。而其他没那么明亮的星星，因为距离地球更加遥远，所以它们的光来自更加久远的过去。比如，仙女座星系（又称‘仙女座大星云’）的光来自 250 万年前，那时人类的祖先还在东非大裂谷，刚刚从树上走下来。”爸爸说。

“可是，我们是怎么知道星星与地球的距离的？”哥哥还想知道更多。

“这是一个好问题，不过几句话解释不清楚，以后我们可以一起去发现。”爸爸说，“虽然我们无法观察到现在，但是由于有了距离和时间，我们能够去触摸历史，甚至非常遥远的历史。这是时间带给我们的礼物。”

吃过早饭，天气凉爽，一家人在海里游泳，在沙滩上堆沙堡。

光年

“光年”不是衡量时间长短的单位，而是衡量距离的单位。宇宙中各个星球之间的距离非常远，用千米衡量已经远远不够。例如，地球距离半人马座阿尔法星C（又称“比邻星”）大约399 233亿千米，即使是光，也要走几年的时间才能到达。因此，人们用光沿直线传播一年时间所经过的距离来衡量宇宙，1光年约等于94 605亿千米，这样，地球距离半人马座阿尔法星C大约4.22光年。普通客机飞越一光年大约需要122万年（按885千米/时计算）的时间。

除此之外，光沿直线传播一分钟的距离叫作“光分”。地球距离太阳约8.3光分。光走一秒的距离定义为“光秒”，约等于30万千米。地球距离月球平均38万千米，约等于1.3光秒。

由于光速非常恒定，所以人们用光速来定义距离。光在真空中于1/299 792 458秒内行进的距离定义为1米。

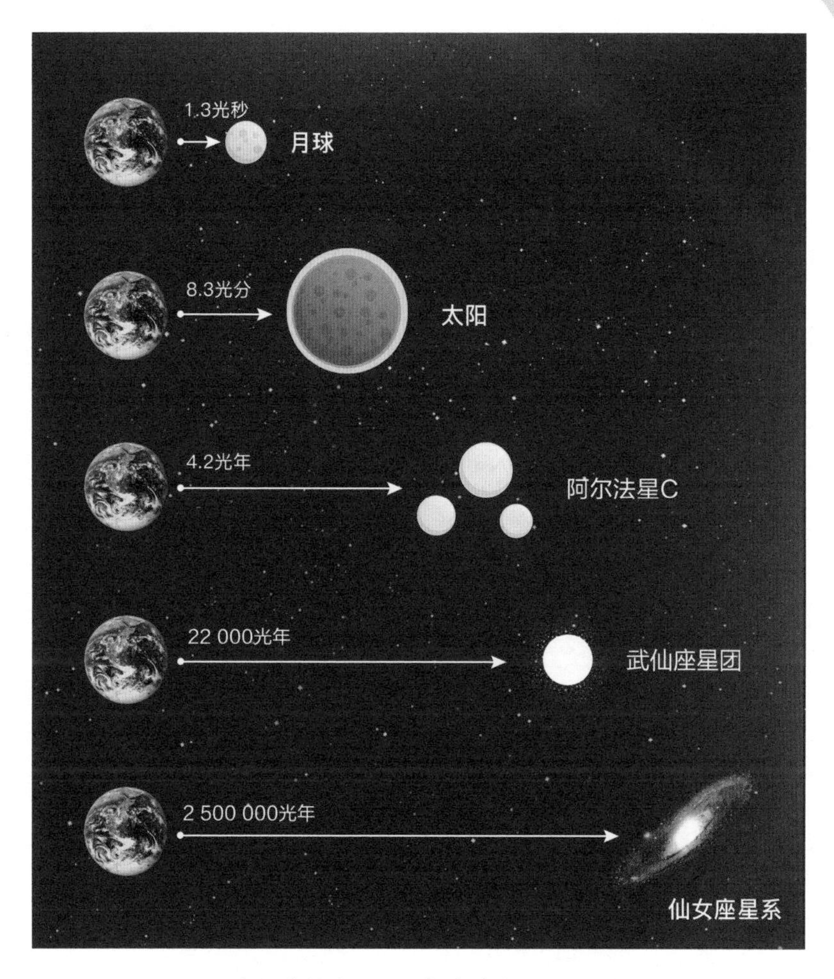

▲我们看得越远，就会看到越久远的过去

横着切牛肉：学科的联系

快到中午了，妈妈从保温箱里拿出一块冰鲜牛肉准备做烤肉。爸爸从车上搬下炉子和烧烤盘。哥哥要求帮忙切牛肉。

哥哥来回摆弄着牛肉，似乎不知道从哪里下刀，于是他问爸爸该怎么切。

爸爸说："你仔细看一下牛肉的纹路，顺着纹路切似乎容易一些，但那样做出来的牛肉不好嚼。"

"那该怎么切？"哥哥举着刀子，不知如何是好。

"要横着切，把所有的纹路都切断。"

哥哥试着切了一刀，看起来还不错。妹妹过来看哥哥切肉。过了一会儿，牛肉都切好了，蘸上调料，他们开始烤肉。

“味道怎么样，好嚼吗？”爸爸夹起一片烤熟的肉递给哥哥。

“嗯，不错，很好嚼。爸爸，你应该去开一门厨艺课。”哥哥一边吃，一边说。

“这可不用开课，你们自己平时多观察、多尝试就可以了。”

一家人开始趁热吃烤肉。

“最近我们学的课程越来越多，这些新课程彼此各不相同，不知道有什么联系。”哥哥吃了几片肉，开始问爸爸。

“要说联系，还是有的，只不过需要我们自己去发现、去建立。还记得刚才的切牛肉吗？你仔细观察牛肉的纤维，每一根肉纤维就像是一门学科，它由浅入深，自成体系。越往深学，就越困难，似乎钻进了一条狭小的通道，会变得越来越孤独。如果竖着切牛肉，我们就切下了一根一根的肉纤维，每一根都很长，而且是孤立的，所以很难煮烂，也很难消化。”

哥哥听着，似乎懂了一点儿。

爸爸接着说：“反之，如果横着切，切下来的每一片就都包含了牛肉的一小段纹路，正因为如此，横切的牛肉更容易煮熟、咬烂。同样，如果我们找到一个话题，其中包含了几个学科的内容，它们彼此之间是一种弱联系，就会像横切下来的牛肉一样容易煮烂和消化。”

“我有点明白你的意思了——横着切相当于不同学科融合在一起，而竖着切，则是单一的学科。”哥哥说。

“对，横着切下薄薄的一片牛肉包含了所有的纹路，就像关联了不同的学科，而每一道纹路上的牛肉都很薄，所以容易消化。而不同学科的知识融合起来也会产生类似的效果。确定一个主题，然后去查找与这一主题相关的内容，相互比较、思考，这样一遍下来，对这一主题的认识一定非常深刻，效果远胜于对单一学科的学习。”

妈妈问大家要不要饮料，每个人都要了一杯。

哥哥又想起了一个问题：“可是，我学知识的时候，当时懂了，过一段时间又忘记了，这该怎么办呢？”

爸爸喝了一口饮料接着说：“比起在学校学到的知识，在生活中学到的知识更容易记得牢，因为你亲身体验过了。如果能把所学的知识融入到生活中，知识就会转换为见地，而见地是不会忘记的，因为它是一种视角、一种目光。重要的不是你所关注之物，而是你看待事物的眼光。”

“可是，我们总不能凭空去训练目光呀，总得通过观察事物去训练目光吧？”

“你说得对。”

“那观察什么呢？”哥哥问。

“观察我们身边的一草一木、一虫一鸟，山峦小溪、星空原野……”爸爸接着说，“我们目光所及之处，都可以像切牛肉那样把它横着切开一个截面。”

“那应该从哪个侧面去切呢？”哥哥吃完烤肉，放下了盘子。

“如果有两个选项——时间和空间，你会选哪个呢？”

“我想我会选时间。”

“不错的选择！”爸爸说，“时间无处不在，无论是天文、物理、生物还是文学，都离不开时间。时间虽然无色无形，但宇宙不能没有时间。”

“为什么这么说呢？”哥哥问。

“如果没有时间，宇宙只不过是一个小小的果壳而已。在大爆炸时，宇宙只是一个无比微小的点，正因为有了时间，才膨胀成为现在包含数以千亿计星系的宇宙。”

最后一片烤肉吃完了，爸爸收起刀具，清洗干净。

无处不在却难以捉摸的时间

你见到过时间吗？你能抓住它吗？时间是如此虚无缥缈、难以描述，不信你试试看能否和朋友解释清楚时间究竟是什么。

即便如此，古往今来的人们仍试图勾勒出时间的形象。在西方油画里，时间是一位拿着长柄镰刀的老人，谁也逃不脱他那长长的镰刀钩子。阿根廷作家博尔赫斯则把时间比喻成一条河流、一团火和一只虎：时间载着我们远去，它在我们体内燃烧，或者把我们吞噬。

在物理学里，时间被写作一个字母“t”，它可以是一个正数、零或者一个负数，分别代表未来、现在和过去。而在宇宙学里，时间只有正数，它起始于 138 亿年前的一场大爆炸。你见到物理学家时可以问问他们，时间能不能拉伸、变慢，他们会很乐意和你分享——不过不要问他们大爆炸零时间以前宇宙是什么样子的，他们会感到尴尬的。

牛顿发明了微积分数学后，数学家们就变成了武林高手，虽然看不到时间，却可以挥舞着刀剑把时间切成任意小的薄片（写作“d*t*”），然后把它们按顺序排列起来。

毫无疑问，时间也钻进了树木的年轮、层叠的岩石和珊瑚的条纹里。

时间甚至侵入了我们的话语。在一些语言里，有现在时、过去时、将来时，甚至一些听起来很奇怪的时态，比如过去将来时或者过去未完成时。汉语里虽然没有时态，但表示时间的词语不少，仅仅表示时间很短的词就有须臾、刹那、霎时、转瞬、顷刻、瞬息、片刻、俄顷、少焉……

永远的鸽群：时间的延续

午后的日光强烈而倔强，大家只好钻进帐篷里躲避它的锋芒。

“过一会儿你们想去哪里玩？”爸爸问兄妹俩。

“海边有点热，不如我们去那边的树林里转转吧？”妈妈提议道。

哥哥和妹妹点点头。

树林在一个小丘上，低矮的灌木和高大的乔木错落分布。树冠把阳光挡在外面，地上满是浓荫。树林里很安静，只能听到蝉鸣声。

“你看到蝉了吗？”妹妹问哥哥。

“要慢慢找。”过了一会儿，哥哥在一棵树的树干上发现了一只蝉，指给妹妹看。妹妹第一次看到蝉，很是兴奋。

“蝉能活很久吗？”妹妹好奇地问爸爸。

“蝉在树上歌唱的时间只有几个月。”爸爸说。

“这么短啊，真可怜。为什么它们的生命这么短？”

“这只是它们在地上的时间，蝉在地下还要度过漫长的黑暗时光。有的蝉会在地下待 3 年，有的要待上 13 年甚至 17 年才会出来。”

“17 年？我现在的年龄都没这么大。”妹妹若有所思地说。

“嗯。不过有些昆虫就没这么长寿了，它们在春天出生，夏天生长，也许能熬过秋天，但大部分都没法过冬。”哥哥说。

“所以，”爸爸插了一句，“古语说‘夏虫不可语冰’，讲的就是这个意思。没有经历过冬天的生命，理解不了什么是冰。”

“世界上什么活得最长呢？”妹妹问，这时大家坐在了一棵树下。

“这个我不知道，”爸爸也盘腿坐着，“不过一般来说，长得慢的动物和植物活得更久一些。像这边这棵松树，每年才生长一点点。还有，看你的脚下，这里有一片苔藓，它们长得也很慢。北美的红杉寿命可达几千年，这树木不知见证了多少世事变迁、多少地震海啸。”

“比这更长的时间是多少呢？”妹妹想问到底。

“是永久！”哥哥迅速答道。

“永久是多久？”

哥哥耸了耸肩，不知道怎么解释。

“我有一个想法，”妈妈突然插了一句，“你们想象一座 8 000 米高的山峰，每 1 000 年才有一只勇敢的鸟儿从山脊上飞过，飞越山峰时鸟儿的翅膀会轻轻擦碰山脊上的岩石。直到有一天，整座山峰都被鸟儿的翅膀磨平了，这期间所花费的时间就是永久吧。”

“哇！”哥哥和妹妹同时发出一声惊叹。

“那世界上有没有生命能一直活下去？”妹妹仰头看了一眼头顶的树冠。

“我不知道，至少现在还没发现。不过，即使某一个生命体能永久存活，它身上的细胞也不会伴随它一生。”爸爸说。

“就像我们手上的茧和死皮吗？”哥哥给妹妹看自己中指上的茧子。

“对，”爸爸说，“每一个细胞都在不断的新陈代谢中。每一天都有老的细胞死去，新的细胞诞生，经过一段时间，某个器官里的细胞就被完全替换了一遍。虽然从外面看并没有什么分别，但实际上，我们每天都与昨天不同。”

“真神奇！”妹妹摸摸哥哥的茧子说。

“记得我小时候，邻居养了一群鸽子，”妈妈回忆着，“放学回家，我总能听到天上鸽子的哨音，抬头就会看到鸽子在天空中飞翔。多少年过去了，鸽子似乎还是那群鸽子，但实际上已经不知换了多少代了。”

“那是因为大鸽子生了小鸽子，小鸽子又变成了大鸽子。”妹妹认真地说。

“你说得没错。大鸽子把自己模样、颜色的信息传递给小鸽子，这样的信息就是遗传密码——DNA。”爸爸说。

“要是所有的知识也能通过 DNA 遗传就好了，这样我就不用费力学习了。”哥哥俏皮地说。

“你这个调皮鬼。”妈妈笑道，“虽然鸽子、狮子可以把自己的身材遗传给后代，但是飞行的方法、捕食的技巧还是需要父母教给子女的。”

“那人类呢？”妹妹问。

“人类也类似，只不过更复杂。人们组织了社会网络，形成了自己的风俗习惯和知识体系，这些也被一代又一代地传递下来，它们有个名字，叫作‘文化’。”妈妈说。

他们在树林里闲逛，哥哥和妹妹跑在前面，一发现有趣的东西就叫爸爸妈妈过去看。

细胞和器官的更新代谢

今天的我与昨天的我一样吗？我们照镜子的时候好像没发现什么改变，但其实我们每天都会丢失一些细胞，比如脱落的皮肤表皮细胞。当然，数量不多，而且立刻会有新的细胞补充进来。

身体里的很多细胞同样在不停更新。小肠上皮细胞每隔 2—4 天就会更新一次，中性粒细胞的更新周期在 1—5 天不等，肺泡细胞 7—9 天更新一次，血小板的更新速度稍微慢一点儿，一次 9—11 天。幸好味蕾上的味觉细胞 10—14 天才更新一次，否则我们会失去多少乐趣！

有的细胞更新速度很慢。皮肤上皮细胞约 4 个星期更新一次，气管细胞需要 1—2 个月，造血干细胞大约要 2 个月，造骨细胞需要 3 个月，血红细胞达到了 4 个月，肝细胞则需要 6—12 个月。

心肌细胞每年只更新 1%，而中枢神经细胞的数量从出生起既不增加也不更新，所以我们才能记得很久以前的事情。

当然，细胞的更新速度很难计算，以上都是估计数值，会因人而异，甚至同一器官里不同位置的细胞更新速度也不完全一样。

火锅汤：多学科融合

夕阳渐渐落下，一家人从树林里走出来，回到营地准备晚饭。

妈妈拿出蔬菜和肉放在盘子里，晚餐是火锅。

“对了，还有刚才在树林里摘的马齿苋。”妈妈一边说，一边从包里取出马齿苋。

“今天这顿晚饭真丰富，既有我们带来的蔬菜，也有我们采摘的野菜。”哥哥说。

“嗯，它们都产自土地。”爸爸说，“虽然它们大小不一、形状各异，可食用的部位也各不相同，但它们都是从泥土中长出来的。”

“而且最终的归宿都是这口锅。”哥哥调侃道。

“还有我们的肚子！”妹妹眨眨眼睛补充道。

“你不是说最近有了很多新的课程吗？”爸爸一边往锅里加入汤料，一边对哥哥说，“你看我们面前这些菜，种植的蔬菜就像在学校里老师传授的知识，而野菜就像你自己感兴趣去学的知识。”

哥哥点点头。

“不管是种植的蔬菜还是野菜，它们都产自土地。而校内的课程和课外的知识也有一个共同的来源。”爸爸接着说。

“是吗，来源于哪里呢？”

“人类的好奇心。”爸爸说。

“好奇心？”

“对！好奇心就是一片最广袤的土地，上面可以长出各种植物来。”

等到锅里的汤沸腾时，他们把不同的食材放入火锅里。

爸爸一边搅拌，一边说：“虽然这些菜形态各异，在火锅汤里却能很好地融合在一起。”

“那不同的知识能融合在一起吗？”哥哥也用筷子帮忙搅拌。

“当然能。如果我们能找一个共同的话题，这个话题和每个学科都有一点儿关系，那么它就是这些学科知识的交集。通过它，所有的学科都能很好地融通起来。”

“就像这锅火锅汤？”

“对。”

“火锅汤这个比喻不错。”哥哥说，“可是怎么才能在不同的学科里找到共同点呢？怎么才能找到能容纳不同知识的火锅汤呢？”

“这个火锅汤必须有包容性，它能无声地渗入不同的学科里，与之共融。具有这种渗透性的一定不是空间，只能是时间，因为空间是具有独占性的。比方说，我坐在了这个位置，别人就不能再坐这里了。但是时间不一样，它就像这锅汤一样，能渗透到每一种食材里面。水利万物而不争。”爸爸说。

“时间就是我们的火锅汤吗？”

“对。”

“我想起李白的一句诗，”妈妈插了一句，“‘光阴者，百代之过客’，万物无不在光阴之中。”

“你能举个例子吗，”哥哥问，“哪些学科里体现了时间？”

“最简单的，斗转星移、日升月落里有时间，物理运动里有时间，化学反应里有时间，生物的作息有时间，至于文学艺术中，对时间的描述更是比比皆是。以后有机会我们慢慢详细聊。”爸爸说。

“但也不能把所有的知识一股脑地堆在一起吧？就像不能把所有食材一下子全部放进火锅里。”妈妈一边收拾桌边还没放进火锅里的食材，一边说道。

“对，有些食材一煮就熟，有些则需要花费相当长的时间。不同的学科情况也类似，要搭配适当。”爸爸说。

大家边吃边聊，这顿饭吃得很慢、很久。

时间在不同领域里

我们很难在一门学科里不与时间相遇。大多数动植物都有昼夜节律，这是生物学研究的一个重要分支——时间生物学。在地层里找到的化石需要用化学同位素测定年代，而在很深的冰层中留下的火山灰印迹会帮助我们确定历史上的重要年份和事件。在弹奏音乐时，我们要时刻留意音长，以及乐谱上标记的是慢速还是快速。每到年尾，中国人就会想着下一年春节是哪天，这是农历所规定的。而为了顺利导航，卫星上需要一台非常精确的原子时钟，达到纳秒级别的时间精度；同时为了让导航不出偏差，还要考虑由于卫星高速运动导致时间变慢的相对论效应。

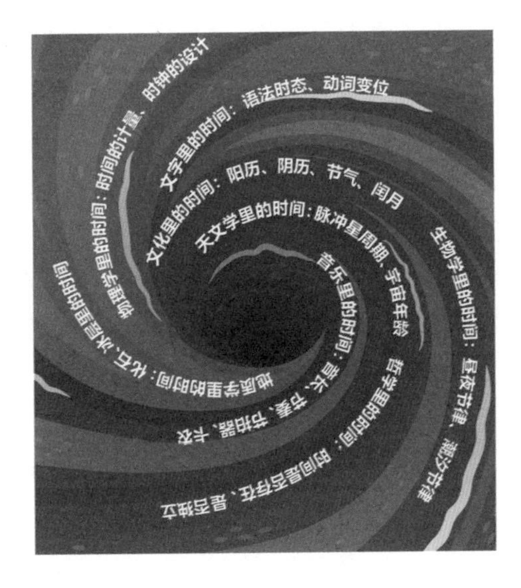

为了破解宇宙和基本粒子的终极秘密，科学家们需要深刻理解时间的本质究竟是什么，甚至回到最根本的问题：时间是否存在？

星空的指针：头顶的时间

天色渐晚，夜来香发出阵阵香气，含羞草垂下叶子。妈妈在两棵树之间拉了吊床，妹妹躺在上面摇来摇去。

哥哥躺在沙滩上看星星。爸爸要拍摄星轨的照片，他用支架固定好手机，对准北极星的方向，设定好星轨拍摄模式和曝光时间。一小时过去了，一幅星轨图呈现在屏幕上。

哥哥凑过来，看到很多星星围绕着北极星，形成了无数道光迹组成的圆圈。

“这些圆圈是怎么拍出来的？”哥哥指着照片问。

“这个嘛……”爸爸从包里摸出一个橙子，用一根烤肉的铁扦从上往下穿进去，“假设这个橙子是地球，那么它会以这根铁扦为轴进行自转，铁扦的上端就指向北极星。”

哥哥和妹妹点了点头。

“我们就是站在橙子上的人，看着头顶星空旋转。长时间曝光拍照可以显示出星星围绕着北极星移动的轨迹。每一颗星星的轨迹并不长，但是很多星星的轨迹重叠起来就显得很壮观了。”爸爸说。

“没想到星空这么宏伟！”哥哥赞叹道。

“星空就是一个巨大的时钟，”爸爸说，“天空是背景，恒星就是指针。随着地球的自转，指针也在旋转，转一圈刚好是一昼夜。”

“那一昼夜为什么是 24 小时呢？”妹妹问。

“古埃及人根据星星升起的时间，把夜晚分成了 12 小时，再用日晷将白天分成 10 个小时，加上黎明和黄昏各 1 小时，一天就有了 24 小时。”

“恒星除了显示夜晚的时间，还有什么用？”哥哥问。

“恒星还是季节的守护神，能指示季节的变化。”爸爸接着说，“例如，猎户座升到天空最高点时意味着冬天，而牛郎星、织女星在头顶时意味着夏天。它们就像天空中的年历，预示了植物何时萌芽、鸟类何时迁徙。”

“那行星呢，它们也能指示时间吗？”哥哥问。

“在希腊语里，行星是流浪者的意思。它们并不像恒星那样沿着固定的轨道运行，而是有点像醉汉，在恒星组成的背景上一步一回头，向前迈一大步，又回退一步。很久以来，人们对它们的轨迹一直琢磨不清，不过一些行星仍有规律可循。”

“例如呢？”

“例如木星吧，”爸爸指着天上一颗明亮的行星说，“它绕太阳一圈的轨道周期差不多有 12 年，所以下次它接近地球时，我们刚好又过了一个本命年，木星因而被称为‘岁星’。除了恒星和行星，你们想想，还有什么能指示时间？”

“月亮也能指示时间呀！”妹妹从吊床上下来，也凑了过来。

“对，月亮是天然的月历，每一次从月圆到月缺再到月圆，就是阴历的一个月。虽然看起来简单，但其实月亮的运动远比人们想象的复杂，人们过了很久才逐渐弄清楚月食背后的秘密。你们知道还有什么天体能指示时间吗？”

“还有太阳。”哥哥说。

“对，天空中最明亮的天体，古代神话里不可缺少的主角。古埃及人创造了太阳历，而中国人创造了节气，来反映太阳在一年中的变化。”爸爸说。

“星空的变化真神奇。”哥哥说。

“对，星空是一位伟大的老师，它教会了人们如何测量宇宙的尺度。恒星的位置相对固定，人们因之发展出了最早的几何学。通过几何学，我们测量出地球到月亮和到太阳的距离，又测量出许多行星和附近恒星的距离。”

“那更远的星星的距离呢？”妹妹问。

“通过测量一种脉冲星闪烁的时间，可以测量出它们与我们的距离。然后用这个距离作为标尺，就可以测量出更远的几百万光年以外的星星的距离。”爸爸说。

“可是我还不太明白这背后的原理。”哥哥说。

“没关系，以后有机会再跟你细说。除此之外，星空也是一位优秀的故事讲述者，它讲述着宇宙过去的故事。”

“什么样的故事呢？”妹妹问。

“宇宙早期的样子，很久以前星云的孕育、恒星的诞生和衰老……”爸爸说。

“星星还可以当我们的向导。”妈妈插了一句。

“对，”爸爸接着说，“它们在黑夜里导引着方向。早期人类的航海活动都以北半球为主要范围，这不能不说与北极星密切相关。别说迁徙的鸟儿了，科学家甚至发现有一种屎壳郎能通过银河中星星的排列方向来为自己滚粪球导航。”

哥哥和妹妹听了都哈哈大笑。妹妹边笑边说：“是吗？我也想找一只屎壳郎来看看。”

“人们怎么知道屎壳郎用星星导航呢？”哥哥笑着问。

“因为在晴朗的晚上，屎壳郎能够推着粪球走出一条直线，阴天时则好像迷路了一样，总是在转圈圈。当科学家在人工环境下造出一条模拟的银河时，屎壳郎又恢复了这种能力。”爸爸说。

“屎壳郎为什么要用星星为自己导航出一条直线？”妈妈不解地问。

“因为雄性屎壳郎推粪球是为了吸引异性把卵产在粪球上。如果转了一圈又回到原地，有可能会遇到其他雄性把它的粪球偷走。”

▲夜空中的银河系

爸爸说。

“聪明的屎壳郎。看来，即使在一堆粪球里，也不代表你不能仰望星空。”妈妈一边拿出睡袋一边说。

哥哥和妹妹笑了。天晚了，他们躺下睡了。

小时制的来历

为什么一天划分成 24 小时而不是 20 小时？古代埃及人依据夜幕降临后从天边依次升起的 12 颗亮星，把夜晚分为 12 小时。（由于每两颗星星升起的间隔不完全相等，所以那时候每个小时并不是等长的。）然后把这 12 小时对应到白天，有了另外的 12 小时，于是一天就有了 24 个小时。

在星空中有一些自然形成的时间指针。

- 千分之一秒：脉冲星自转一圈的周期从千分之一秒到几秒不等。
- 小时：从地球看出去，恒星绕北极星旋转 15° 角所需的时间。
- 天：日升日落的周期。
- 月：月圆月缺的周期，也称为“朔望月”。
- 年：太阳与季节回归所需的时间。
- 11 年：太阳黑子活跃的周期。
- 轮：12 年，地支重复一次的周期，近似于木星公转的周期——11.86 年。
- 18 年：月食重复的周期。
- 19 年：太阳、月亮、地球重新回到相对位置的周期。
- 76 年：哈雷彗星回归的周期。
- 26 000 年：地轴轻微摆动的周期，造成地球上周期性的冰川季。
- 2.2 亿年：太阳绕银河系一周的时间。

如果时间停止……

周日早上起来后，一家人简单吃了点东西。爸爸说，南边有一座森林覆盖的山丘，山顶上有海风吹过，应该很凉快。哥哥和妹妹想去，于是他们穿好登山鞋，拿着登山杖出发了。

爬到半山腰，时间还早，他们并不急着登顶，就先歇息一下。他们坐在一棵大榕树下，树冠覆盖出很大一片树荫，垂下很多须根。妈妈拿出画板和铅笔速写，她就近取材，画周围形态各异的树木，不一会儿，五六棵不同的树就出现在了画板上。

过了一会儿，妈妈画完了，大家也休息好了，他们继续出发，向山顶前进。

没走几步，天空中突然飘来一大片乌云，携带着雨水，倾泻而下，他们赶紧找了一个地方躲避。过了一会儿，云渐渐散去，雨停了，他们继续向山顶迈进。

爬到山顶的时候，天空完全放晴了。从山顶望去，一边是海岸柔软的沙滩，一边是怪石嶙峋的群山。极目望去，远处的海里又悄然升腾起一线白云。

一家人在山顶眺望着远方。哥哥呆呆地望着眼前的山与海，想着这几天发生的事情：爸爸与死亡擦肩而过，夜空中看到的那些恒星可能已经熄灭了，蝉在树上只歌唱几个月就要死去……想着想着，他不禁有些伤感。

爸爸走过来，问他在想什么。

“我在想，蝉是从哪里来的，死后去了哪里？星星又是从哪里来的，它们的寿命结束后又去了哪里呢？”

爸爸想了想说：“也许它们来自一种很小很小的颗粒，是某种力量将它们聚合在了一起。”

“那生命和星星又为什么会消失呢？”哥哥问。

爸爸停下来想了想，指着天上的云说：“你看天上的白云，有时聚在一起，有时分开。明天这朵云可能就不见了，变成了雨水落下来。你会为它哭泣吗？”

哥哥摇摇头。

“因为你知道云没有消失，”爸爸接着说，“它变成水滴进入了江河和植物中，说不定有一天也会进入我们的身体，变成我们的一部分。白云的存在虽然短暂，但它并没有消失，只是在不同时间有了新的形态而已。”

“那生命和星星也是这样的吗？”

爸爸点点头，说：“以后我们弄懂了星星和生命的秘密，你就明白了。”

爸爸指着下面的山峦和海滩，说：“时间可以把坚硬的东西捏碎，将柔弱的聚合成庞然大物。时间让凝固的流动起来，让巍然矗立的崩塌瓦解。但无论是坚固的山石还是柔软的沙子，一切都不曾消失，它们只是在时间的容器中换了一种形态而已。”

“那如果时间停止了，世界会怎么样？”哥哥问。

“那我们的宇宙就永远缩在一个比灰尘还小的空间里了。因为宇宙在膨胀之初比一个原子还要小得多，如果时间停止在那时，宇宙还不如一粒灰尘那么大。正是随着时间的流逝，宇宙才膨胀到了现在我们所能观测到的大小。”爸爸说。

“如果时间就停在现在呢？”

“那所有的变化也就都停止了：飞鸟悬停在空中，瀑布凝固，地球不再转动，大脑停止了思考，所有的生命都停止生长，所有的星星将不再转动，我无法想象那会是一个什么样的世界。也许，只有在时间之外才能看清楚。”爸爸说。

在山顶盘桓了一阵子之后，他们下山回到营地，拆下帐篷，打包行李，捡拾垃圾，踏上了回程的路。

宇宙随时间而变化

根据宇宙大爆炸理论和宇宙爆胀理论，138 亿年前，宇宙大爆炸初始，整个宇宙紧密地压缩在一个比原子还小的极小的点里。大爆炸发生后不到十亿亿亿亿分之一秒，宇宙突然爆胀了 10^{40} 倍（1 后面有 40 个 0），从不到一个原子那么大变到网球那么大。这一过程非常迅速，被称为“爆胀”。之后，宇宙进入了缓慢的膨胀过程，从 70 亿年前到现在，宇宙只增大了 10 倍左右。

现在，宇宙仍在不停的运动中。由于地轴的轻微摆动，3 000 年前，北极轴指向天龙座阿尔法星；如今北极星变成了小熊座阿尔法星，中文叫“勾陈一”；而 12 000 年后，天琴座阿尔法星（即织女星）将成为新的北极星。

6 亿年前，地球一天只有 21 小时，由于月球引力对地球上海水的拉扯，地球自转周期逐渐放缓到了现在的 24 小时。

37 亿年后，银河系将会和仙女座星系合并成为一个大星系。50 亿年后，太阳进入生命的晚期，届时它将膨胀成一颗红巨星，大小扩大为现在的几百倍，它将吞噬掉水星、金星，很有可能把地球烤焦。但愿在那之前，人类能够找到新的栖居之地。

未来？

50亿年后，太阳变成红巨星

37亿年后，银河系与仙女座星系合并

现在，人类文明开始

38亿年前，地球生命诞生

90亿年后，太阳诞生

1亿年后，开始形成星系

38万年后，有了第一束光

宇宙迅速爆胀

138亿年前，宇宙大爆炸

本章深入阅读书单

关于时区的起源，请参考[1]。

关于生命的起源，请参考[2]。

关于时间在不同学科中的联系，请参考[3]。

关于宇宙大爆炸，请参考[2]。

[1]《关于时间：大爆炸暮光中的宇宙学和文化》，[美]亚当·弗兰克/谢懿 译，科学出版社，2014

[2]《最动人的世界史：我们的起源之谜》，[法]于贝尔·雷弗、若埃尔·德·罗斯内、伊夫·科佩恩、多米尼克·西莫内/吴岳添 译，复旦大学出版社，2006

[3]《时间之问》，汪波，清华大学出版社，2019

第二章

诞 生

星星的约会：距离意味着时间

又过了一周，到了周五傍晚，一家人把后备箱塞得满满的。爸爸启动汽车，妈妈回过头来叮嘱哥哥和妹妹，两个孩子掩饰不住满眼的兴奋。他们在朦胧夜色中上路，渐渐远离了城市的灯火，朝着山间露营地进发。

透过车顶的玻璃天窗，可以看见头顶的星星越来越多。没多久，妹妹在车子的颠簸中眯着眼睡过去了。到了山间的露营地，车门打开，吹进来一股凉爽的风。妹妹闻到了泥土和花草的味道，她睁开眼，从车上跳了下来。

经过一番劳作，帐篷支好了，露营灯也吊在了帐篷外面。

“啊哦——”猫头鹰的叫声让山谷显得更空旷了。近处的小夜曲来自蟋蟀时断时续的奏鸣，远处的音乐会则是青蛙在一展歌喉。

妹妹想要妈妈先讲一个睡前故事。她们躺在帐篷里，妈妈透过纱窗指着天上的银河，给妹妹讲起了牛郎织女的故事。

“哪两个是牛郎星和织女星？”妹妹问。

爸爸指着天空中最明显的夏季大三角*，把其中两颗明亮的星星指给妹妹看。过了一会儿，妹妹就在妈妈怀里安静地睡着了，只留下均匀的呼吸声。

妈妈轻轻放下妹妹走出帐篷：“我们算是追星族吗？跑到这么远的地方来看星星！”

“不是我们在追星，而是星星在这里等我们。”爸爸把帐篷的门拉上。

---

* “夏季大三角”是在天球上想象出来的三角形，由天琴座的织女星、天鹰座的牛郎星以及天鹅座的天津四组成。其中，织女星位于这个三角形的直角顶点。

“为什么呢？”哥哥望着头顶漫天的星斗，感觉苍穹就像一个发光的巨大的罩子。

“在城市里，灯火把星星的光芒遮盖了，”爸爸一边说，一边在帐篷前厅铺了一张防潮垫，“星星只好在旷野中等我们了。就像一场约会，一场我们失约已久的约会。”

“不过我们还是来了。”哥哥躺在垫子上，望着眼前无尽的星空，“为了这场约会，我们一路颠簸，两个小时前就出发了。”

“没错。不过星星出发的时间更早哟，而且早得不是一点半点。”爸爸说。

“可是星星一直都在那里呀！白天也在，虽然我们看不见它们。”哥哥说。

“对，不过我不是这个意思。”爸爸说，“我想说的是，为了这一刻的到达，星星在几十年前甚至几百万年前就开始发光了。星星离我们如此之远，星光要在广袤的天空中飞行很久才能到达我们这儿，而时间就是它们的翅膀。”

“看来，我们和这些星星缘分不浅。”妈妈躺在垫子上，找了个最舒服的姿势望着夜空，“这些星星发光的时候，甚至不知道它们的约会对象是谁，但还是义无反顾地出发了。”

“嗯，这段路途异常遥远。对人类来说，它们是恒星，恒久的星；但对于宇宙来说，它们只是一支蜡烛，只能燃烧一小段时间。就在现在，在我们眼前，这些发光的星星中有一些很可能已经熄灭了。”爸爸坐在垫子上，双肘向后撑，仰着脖子说。

“真可惜……”妈妈叹了口气，“如果有人收到从遥远的地方寄来的一张明信片，收信人阅读时却发现寄信人已经离开人世了，他一定很难过。”

“不过，我还是很高兴能读到过去的信息。这星光应该讲述了宇宙某个角落曾经发生的故事。”哥哥说。

“那很好啊！”妈妈侧过头对哥哥说，“以前是爸爸妈妈给你讲睡前故事，现在你可以听星星给你讲述过去的故事了。”

“是啊，无论我们朝哪个方向的天空看去，都会读到来自过去的故事，因为我们看到的都是过去。”爸爸说。

“哦，我想起你上周说过，织女星发出的光是 25 年前的。”

“对。”爸爸说，“除此之外，还有一些星星寄来的明信片，我们无法用眼睛阅读，只能用最灵敏的仪器去探测。”

“那会是什么样的明信片呢？”哥哥好奇地问。

“比如，两颗星星相互吸引、碰撞，然后合并。这种星星个头不大，但质量不小，它非常致密，被称为‘中子星’。两颗质量很大的中子星碰撞会导致空间弯曲，就像把石头丢进池塘里形成了一圈圈涟漪，叫作引力波。巨大的引力波能以光速传播到宇宙的各个角落。”

“它们距我们很远吗？”

“嗯，”爸爸说，“人类曾检测到一个引力波走过了 13 亿年才到达地球。这些星光和引力波在宇宙中流浪，穿越深邃的宇宙，经过漫长的岁月终于到达地球。而我们逆着星光的方向朝宇宙深处看去，我们看到的宇宙越深，看到的过去就越久远。”*

“既然光要经过一段时间才能到达，那么我们看到的一切都已经是过去的了。”哥哥说。

“对。”爸爸指着帐篷门外挂着的周围飞舞着一圈蚊虫的露营灯

---

* 2016 年 2 月 11 日，科学家宣布美国的 LIGO（激光干涉引力波天文台）首次直接探测到了引力波，它由两个黑洞（36 倍太阳质量和 29 倍太阳质量）碰撞并合成的一个 62 倍于太阳质量的黑洞引发。

说，“你看，就拿那个与我们近在咫尺的露营灯为例，我们感受到的光并不是它现在发出的，而是几纳秒之前发出的。1 纳秒就是把 1 秒切分成 10 亿份后其中的一份。所以，严格地说，我们看到的并不是‘现在’。”

▲引力波形成的太空涟漪（想象图）

“这么说，所谓的‘现在’还存在吗？”妈妈插进来问，“比如耳朵听到的声波和眼睛看到的光波都是波，都以有限的速度传播，那么我们听到的、看到的就都是过去了，‘现在’还存在吗？”

“我倒希望‘现在’并不存在。”哥哥似乎并不在意这个问题。

“为什么呢？”妈妈好奇地打量着他。

“因为这样的话，我说英语时就不需要纠结用现在时还是过去时了。反正一切看到的、听到的都已经发生了，都用过去时就行，这岂不是很简单？”哥哥干脆地说。

“你觉得呢？”妈妈又看着爸爸问。

“如果我们把‘现在’当成一个同步感受事件的时刻，那么‘现在’并不存在。”爸爸说，“但如果我们换一个角度，‘现在’还是存在的。”

“换成什么角度呢？”

“如果‘现在’不是一个时刻，而是一个非常短的时间片段，是使一件事有意义所需的最短时间，那么在这个角度上，‘现在’还是存在的。”爸爸打开一个易拉罐，汽水夹带着气泡溢了出来，浮到罐子表面。

“喏，就像这些大大小小的气泡，”爸爸把易拉罐递给哥哥，“每个气泡就是一个‘现在’，在一个泡泡内，事件才有意义。因为意义不同，所以每个‘现在’也长短不一。”

“为什么这么说呢？”哥哥接过易拉罐，看着上面大小不一的气泡，把溢出的汽水吸进了嘴里。

爸爸又开了一个，继续说：“对于一道闪电来说，它的‘现在’比 0.1 秒还短暂，就像很小很小的气泡。”爸爸指着自己罐子上的一个小气泡说，“而对于一条咬钩的鱼来说，它的‘现在’大约等于 1 秒，是一个中等的气泡。对于缓慢爬行的蜗牛来说，它的‘现在’则可以用分钟来衡量了，是一个大泡泡。”

爸爸和哥哥喝完汽水，站起来活动了一下身子。

“现在时间不早了，我们该睡觉了。”妈妈提醒道。

一家人躺进帐篷里休息了。

漫天星斗依偎在深色夜空的臂弯里，四周的山谷拥着他们一起入眠。轻柔的风——也许称为“山谷的气息”更合适——在他们耳际轻轻拂过，哥哥和妹妹的脸庞在星光下显得更加安宁。一家人睡得如此沉静、尽兴，仿佛时间根本不存在。

所谓的“现在”，其实意味着一段很短的时间间隔

• 荧光灯管每 1/50 秒或 1/60 秒闪烁一次，以至于人眼无法感知到灯光的明暗变化。

• 每帧电影画面持续 1/24 秒，连续播放会让人产生画面从未间断的错觉。

• 人类能感知到的两次声音的最短间距为 1/500 秒，能感知到的视觉间隔是 1/5 000 秒。

• 人眼看到绿灯变黄到准备踩刹车的反应时间为 0.2—0.3 秒。

• 登月宇航员跟地球上的人打电话，信号会延迟 1 秒多才到达。

溯溪：时间是永恒的河流吗？

帐篷里光线渐亮，哥哥慢慢睁开了眼，听着外面起起落落的虫鸣，意识到这不是在家里的床上，而是在野外。他钻出帐篷，妈妈正在倒果汁，冲着他一笑。

“睡得好吗？”妈妈问他。

哥哥点点头。妹妹醒了，爬起来也要喝果汁。

太阳已经升起来了，刚刚越过山头，斜射出一道橙红色的光芒。

“上午我们去哪里？”哥哥问。

“我记得附近有一条小溪，不如我们去溯溪吧！”爸爸提议。

吃完早饭，他们背上包，握着登山杖，一起出发了。

溪水齐腰深，水底的圆石子清晰可见。流动的溪水让笔直射入的阳光摇曳起来，在水中跳起了光影之舞。小溪两边是被人踩出的小径和高高密密的树林。刚走进密林时，裸露的胳膊被凉气一激，顿时起了一身的鸡皮疙瘩。

“还记得上次来这儿的时候你还很小，”妈妈转头对哥哥说，“一转眼好几年过去了。”

“嗯，那时妹妹还没出生呢。”

“时间过得可真快，你都长这么高了，可以照顾妹妹了。”妈妈说。

“这条小溪还和以前一样清澈透亮。”爸爸停下脚步，用登山杖指着小溪说，“只是我们面前的溪水已经不是当时的溪水了。”

“它一定是想妈妈了，”妹妹笑着说，“钻到大海妈妈的肚子里去了。”爸爸和妈妈都笑了。

妈妈也停下来，望着奔流的溪水，心中默想：逝者如斯夫，不舍昼夜！时间多么像溪水啊，永远向前，永不回头。

继续往前走，小溪在一处变窄了，溪边有一块平整的大石头。妹妹蹲在石头上，用手撩水来玩，又用手截住了一段水流，可是水流绕过她的小手继续向前流走了。

“哈哈，别费力气了，水是截不断的。”哥哥蹲到妹妹身边。

“对了，那句话怎么说的来着？抽刀断水水更流。”爸爸站在旁边看着兄妹俩。

妹妹不甘心地抬起手臂，甩了甩水，站起来。一家人继续沿着小溪向上走。

走了一会儿，他们有点累了，停下来休息，妈妈拿出桃子分给大家。看到桃子，妹妹想起了《西游记》里孙悟空在蟠桃园的故事，她让妈妈讲讲这个故事。

“好吧。孙悟空奉玉帝之命看守蟠桃园。一天，他从七仙女口中得知玉帝要举行蟠桃宴，却独独没有邀请他，于是大怒，使出定身法，定住了七仙女，径自去赴蟠桃宴……”

妹妹听到这儿，突然想起了以前玩的木头人，于是要和大家一起玩这个游戏。她一边咯咯咯笑，一边喊着口号：“我们都是木头人，拿起枪来打敌人，一不许说，二不许动，三不许露出大门牙！”

说完，她检查每一个人，看谁先动。过了一会儿，大家都玩累了，坐下来休息。

妹妹意犹未尽，仍想知道孙悟空到底有多大本事，就问妈妈：“孙悟空能把所有人都定住吗？”

妈妈放下水杯，反问她：“你觉得呢？”

“当然可以！”妹妹回答得很干脆，“孙悟空什么都能定住。不仅能定住人，还能定住这河水！”

“孙悟空怎么能定住河水呢？”妈妈睁大了眼睛。

“这么简单的事，你们大人难道猜不出来吗？”妹妹撇了撇嘴。

“我们猜不出来……”妈妈说。

“把河水放进冰箱里不就行了吗？”妹妹做了一个鬼脸。

爸爸妈妈都笑了。

哥哥却有点不服气地说：“就算孙悟空本领超强，可有一样东西他定不住，你们知道是什么吗？”

“是什么？”妹妹扭过头来，斜眼看着哥哥。

“是时间！”哥哥解释道，“如果孙悟空真的把时间给定住了，因为他也在时间里，那么他也就把自己定住了，不是吗？”

妈妈点点头：“寒冷会让河水冻住，可是时间依旧会流逝。”

“是啊，如果冬天把时间也给冻住了，我们就不会有春天了。”爸爸补充道。

大家休息好了，继续前行。过了一会儿，他们远远听到一阵水花溅落的声音，抬头望去，一条白带子在空中舞动，轻抚着一潭碧绿的清池。

走到近前，妹妹和妈妈遥望着高处瀑布飘落的水花和水雾，感受着它的清凉。哥哥低头注视着水潭里的水漫过堤岸，流向河道，缓缓地朝着下游流去。他突然想起了一个问题，转头问旁边的爸爸：“每条溪水都应该有一个源头，不是吗？”

爸爸朝哥哥点了点头，示意他继续说下去。

“那么，时间——也有一个源头吗？”哥哥说出了心中疑问。

爸爸听了这个问题，笑了：“你的脑袋里怎么有这么多奇怪的问题？让我想想……如果时间不是无穷无尽的，那么它就的确应该有一个源头。你看，今天我们逆着溪水追寻它的源头，而许多人同样在逆着时间寻找时间的源头。”

“他们是谁？”哥哥问。

“天文学家、古生物学家和考古学家。你还记得吗，昨天晚上我们说过，从地球上朝宇宙深处望去，看得越深，我们所看到的宇宙的历史就越久远。而天文学家就是要尽可能地追溯宇宙遥远的过去，探索宇宙和时间的起源。”

“噢，我明白了。那古生物学家和考古学家呢，他们是怎么去追寻时间的源头的？”

“古生物学家朝地层深处挖掘，挖得越深，地质年代越久远，就能发现越古老的化石，从而弄清楚远古生命起源于何时，又是如何演化到今天的。考古学家则是在古老的遗迹中探索，发现人类文明的起源，探索古老的文明从哪里开始、起源于何时，又是如何发展到现代的。”

“原来如此……那人类能找到时间的源头吗？”

“现在还没有，不过人们正在逐渐接近它。根据宇宙大爆炸理论，我们的宇宙起源于 138 亿年前的一场大爆炸，从那以后才有了宇宙，也有了时间。但这就带来一个问题：时间既然有个开始，是在宇宙大爆炸之后才出现的，那它就不是永远存在的。”

“这么说，时间并不是永恒的？”妈妈插了一句。

“是的。不仅如此，时间甚至都不会均匀地流逝。”爸爸说。

“还有这么奇怪的说法？就像这河流，有时遇到转弯会流得慢些吗？”哥哥疑惑地看着爸爸。

“对，这个惊人的见解是爱因斯坦在100多年前提出来的。在他之前，人们认为宇宙里存在一座时间殿堂，无论在宇宙的哪个角落，都回响着这个标准时钟的嘀嗒声。可是爱因斯坦发现，要把这个标准时间的信息从时间殿堂传送到宇宙的每个角落，最快的方法就是用光，但光并不能瞬时到达宇宙各处，所以不同地方接收时间殿堂时间信息的时间也会有先有后。”

“这会有什么问题吗？”

“宇宙各地的时间不会同步，也就没有所谓的‘同一时刻’，这个地方的时间不再等于另一个地方的时间。”

“那能想办法让光变快一点儿吗？”

“不能。科学家们发现，即使让火箭携带着一支激光笔在宇宙里快速飞行，激光笔射出的光的速度也不会因此变得更快。不论对谁而言，光速都是恒定的。”

“这么奇怪的问题，恐怕会有什么意想不到的结果吧？”妈妈问。

“你猜得没错。既然时间不再是绝对的，那么爱因斯坦提出，时间只能根据所处的位置和相对移动的速度来确定。这样一来，时间就有可能变慢，有时甚至会造成严重的影响，虽然大部分情况下我们察觉不出来。”

“会有什么严重后果？”哥哥关切地问。

“比如，我们的卫星导航定位系统会变得不准确而无法使用。在导航卫星上有一台非常精准的原子钟，但需要定期校准。这不是原子钟本身的问题，而是因为卫星相对于地面来说在高速运动，所以它携带的时钟比地面上静止的时钟走得更慢。如果不校准，几天以后导航的误差就会达到几千米之大。”爸爸说。

“真是难以置信！可是时间为什么会变慢呢？”哥哥又问。

“说来话长，以后有机会再慢慢跟你解释吧。”

关于光速

当一个人在火车车厢内以 5 千米 / 时的速度向前行走，而火车以 60 千米 / 时的速度行进，那么在站在车厢外的人看来，车内的这个人是在以 65 千米 / 时的速度前进。这是因为火车的速度与人行走的速度可以叠加。而如果这个人逆着火车行进的方向行走，地面上的人会觉得他行走的速度变慢了，变成了 55 千米 / 时。

但如果把火车换成光，情况就大不一样了。人们发现，无论光源朝哪个方向运动，光速既不会增加，也不会减少。爱因斯坦在 14 岁时就想到，如果一个人站在一束光上行走，那将会怎样？他会超越光速吗？ 26 岁时，爱因斯坦终于想明白了，没有物体能够超越光速，光速是物质能达到的最大速度。唯有如此，才能解释时间变慢等奇怪的现象。

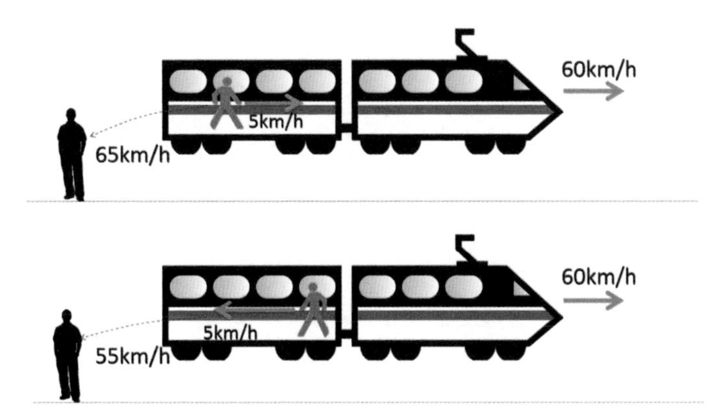

漂流：时间怎么变慢了？

日头渐渐移到了头顶，一家人准备顺着原路回营地。妹妹突然不愿意走了，钉在原地说脚疼。无论爸爸妈妈怎么劝，她就是不愿意挪动一步。

妈妈凑到妹妹跟前，对着她的耳朵咕哝了几句。妹妹听了点点头，露出笑颜，迈步跟在妈妈后面。只见她们走向一处漂流站，那里有皮筏艇可以把她们送到下游。爸爸和哥哥也跟了过来。

穿好救生衣和雨衣，妹妹和哥哥还租了两把水枪，他们开心地和爸爸妈妈登上一只皮筏艇。水流不急，爸爸妈妈撑着桨，一家人一路向下漂流。

妹妹第一次漂流，非常兴奋。她拿着水枪，神气十足，把枪吸满水，朝着坐在皮筏对面的哥哥喷了一枪。哥哥也朝妹妹喷了起来，两人互相滋水，玩得不亦乐乎。可是哥哥毕竟手快，妹妹总是被喷，委屈地哭了起来。

妈妈赶紧从中调停："你能让着点妹妹吗？要不你们一人喷一枪，交替着来。"

两个小朋友同意了，一人喷一下，玩得很默契。

这时，爸爸好像想起了什么，对哥哥说："对了，你不是想知道为什么运动的钟表会变慢吗？我想到了一个好主意。"

"什么主意？"哥哥立刻放下水枪问。

爸爸用桨抵住河底，皮筏顺势停了下来。"你看，我们这只船现在静止不动，你和妹妹坐在船舷两侧，交替着朝对方喷水，你朝妹妹喷水花了半秒，妹妹被你喷到后立刻回喷你，也花了半秒，一个来回刚好是 1 秒钟。如此往复，在岸上的人看来，水柱每秒来回一次，这就是一个标准的时钟。"

"噢，我明白了，这是一个静止的水枪钟！"哥哥说。妹妹也点点头表示听懂了。

爸爸提起船桨："现在，让船匀速漂起来，这个水枪钟也跟着运动起来。你和妹妹同样互相交替喷水。在你看来，水柱从你喷到妹妹的距离没有变，就是一个船宽，"爸爸伸出大拇指比画着，"所以这个水枪钟仍然是 1 秒一个来回，钟走得和静止时一样快。"

"但要注意，船在这段时间内漂移了一段距离。"爸爸接着伸出了食指，代表船移动的距离，"而在岸边的人看来，水柱移动的距

离是从大拇指尖到食指尖的斜边，它比船静止时水柱移动的距离更长一些。所以在岸上的人看来，水柱一来一往，它的路径变成了锯齿形。”

▲在岸上的人看来，水柱的路径在船移动时变成了锯齿形，来回一次所需时间比 1 秒更长

哥哥也伸出手比画了一下。

爸爸继续说：“现在，假设你们手里的水枪升级成了激光枪，依

然是每秒来回一次。岸上的人看到激光走的是较长的斜边，而船上的人看到激光走的是较短的直边。但别忘了，光速对所有人都一样，所以在岸上的人看来，激光柱来回一次的时间比 1 秒更长。”爸爸说。

“噢……”哥哥突然明白了。

“所以岸上的人觉得船上的钟变慢了。同样的道理，在地面上的人来看，天上的卫星或者宇宙飞船上的时钟也更慢一些。”爸爸说。

哥哥点点头。

“啊哈，这么说，经常在太空旅行会让人年轻？”妈妈说。

“可以这么说，不过，要乘坐速度非常快的飞船才能看出效果。如果一个人乘坐的飞船速度达到了光速的 60%，他的时间流逝速度就是地球人的 80%，他会比地球人年轻 20%。”

这时距离营地不远了，妈妈对大家说：“你们想活得更年轻一点儿吗？那就加油划船吧！”

过了一会儿，他们沿着溪流漂回了出发的地方。

逼近光速的“突破摄星”计划

运用现有的火箭飞向离太阳最近的恒星，需要数万年时间。为了尽快探索比邻的恒星，科学家计划研发上千个纳米飞行器，用超大功率激光照射在它们张开的非常轻巧的光帆上，所产生的压力将驱动它们向外太空高速飞去，直到将其加速至相对论速度，即 1/5 光速。整

▲“突破摄星”计划：用大功率激光推动光帆，把它加速到光速的 1/5（想象图）[资料来源于 NASA（美国国家航空航天局）]

个飞行器只有邮票大小，重量不过几克，上面还携带着一块微型芯片，负责飞行器的导航、摄影、通信等任务。20 多年后，这艘飞行器就可以抵达 4.22 光年外的比邻星。在飞越比邻星的瞬间，飞船计划对它近距离拍照，并把图像传回地球。即使一切顺利，我们也要再等 4 年多才能够接收到飞船传回的图像。这项计划于 2016 年 4 月启动，得到了霍金等科学家的支持。

困在帐篷里的时间之神：时间的初始

午后天气有些热，几声闷雷之后，乌云覆盖了天空。一家人刚刚吃过简单的午餐，绵绵细雨紧随而至，大家只好钻进帐篷里。

帐篷周围，高大的凤凰木向四周伸展出层层叠叠的枝叶。轻柔的雨滴无声地落在树叶和草地上，所有草木都在默默地迎接、承受这天赐的甘露。钟形的松树肃穆地矗立着，笼罩在烟雨中，似乎在参加一个神圣的仪式。

妹妹和哥哥看着外面的雨天，怔怔地想着什么。雨没有停的意思，看来下午只能待在帐篷里了。

大家静静地坐了一会儿，妹妹觉得这样有点无聊，就请妈妈讲一个故事。妈妈想了想，既然下雨了，那就讲一个森林雨夜的故事吧。妹妹点点头，爸爸和哥哥也静静地听着。

妈妈讲道：

在一座偏远森林的深处，猎人搭建了一间简陋的小木屋，仅能容下一人。一天夜里，狂风骤起，下起了暴雨。猎人听到有人敲门，一个老太太请求进来躲雨，猎人把老太太让进了小屋。没一会儿，又有两个小女孩敲门，猎人同样让她们进来。过了一会儿，车马喧嚣，一位将军带着一帮士兵迷路了，也想进来避雨，猎人也把他们让进了小屋。再后来，来了一位公主，带着众多随从，猎人也让了进来…… 雨下了一夜，小屋里一直欢歌笑语不断。

妹妹听了，困惑地问："一个小屋怎么能容下那么多人？"

"我没听错吧？这真是一个奇怪的故事。"哥哥也感到很费解。

妈妈笑了笑，没说什么。

妹妹觉得这个故事不过瘾，央求爸爸再讲一个。

爸爸说："那我讲一个希腊神话故事吧。"

从前，世界上最早的神叫卡俄斯，意思是混沌。之后有了大地女神盖娅和天神乌兰诺斯。大地女神和天神生下了六位男神和六位女神，最小的孩子叫克罗诺斯，意思是时间之神。克罗诺斯长大结婚后，有人向他预言，他将来会被自己的孩子推翻。克罗诺斯很担心，于是等到孩子们一生下来，就把他们藏在了一个秘密的地方。孩子的母亲很难过，想方设法保住了其中一个孩子——宙斯。宙斯长大后，在众神的帮助下打败了父亲克罗诺斯，并且把自己的兄弟姐妹解救出来。然后宙斯把时间之神关了起来，并在门口设置了猛兽把守。

"呀，这个时间之神这么可怕……"妹妹低声嘟哝道。

"是啊。"爸爸停了一下继续说，"可是如果换个角度想一想，有谁能够逃脱时间的镰刀呢？又有谁能不被时间吞噬？"

▲拿着镰刀的时间老人

“是吗？”哥哥愣了一下。

“哦，我想起来了！”妈妈说，“在许多西方名画里，时间老人手里总是攥着一把镰刀，这镰刀就来自时间之神克罗诺斯。”妈妈感慨地说：“时间可以创造一切伟大，也可以毁灭我们所创造出来的一切。”

“而且在这个故事里，时间之神自己也是被创造出来的，不是凭空就有的。”爸爸说。

哥哥仔细回想了一下刚才的故事：“时间之神是谁创造的？”

“不记得了吗？最早的神不是克罗诺斯，而是混沌之神，后来天神和大地女神结合才生下了时间之神。也就是说，在古希腊人看来，时间是被创造出来的，而不是宇宙洪荒之时就有的。”

“哦，这里面好像隐含着什么秘密。”哥哥好奇地说。

“如果时间是被创造出来的，它一定有一个开端。既然时间有开端，那它就不是无始无终的。”爸爸对哥哥说。

“那时间是怎么起源的呢？”一直在认真倾听的妹妹突然问道。

“时间在一切当中，所以要弄清楚时间的起源，就意味着要同时搞清楚宇宙的起源。就像早期的基督徒那样，他们询问上帝在创造世界之前在做些什么，而一个恶作剧的回答是：‘上帝在为问这个问题的人准备地狱。’”爸爸说。

“哈哈！”妈妈笑道，“肯定有人不同意这个玩笑吧？”

“对，例如罗马帝国著名思想家奥古斯丁就不同意。他曾经苦苦思考，并且写道：‘时间究竟是什么？没有人问我我倒清楚，有人问我，我想给他解释，却茫然不解了。’后来他终于意识到了时间不可能存在于创世之前，所以他提出一个解决办法：创世的同时也创造了时间。”爸爸说。

“是吗？也就是说，时间是和空间一起被创造出来的？”妈妈继续问。

“对。奥古斯丁认为时间也是一个受造物，在时间起源之前谈论所谓的‘之前’是没有意义的。而这和现代的宇宙大爆炸理论不谋而合。”爸爸说。

“为什么会这么巧呢？”哥哥在帐篷里坐久了，换了个姿势。

“从前人们认为，空间是空间，时间是时间。自从相对论被提出来以后，人们才发现原来空间和时间是密不可分的。仅仅把宇宙定义为一个广袤的空间以及其中的物质是不够的，宇宙不可能离开时间而单独存在。”

爸爸说着，坐在了气垫床的中间，气垫床深深陷了下去，形成一个圆坑。本来安静地坐在床边的妹妹，由于气垫床下陷，立刻朝中间的位置滚落下去，倒在了爸爸怀里。她挣扎着爬了起来，干脆骑到爸爸的肩膀上，得意地望着下面仰头沉思的哥哥。

“为什么在宇宙里，时间和空间缺一不可呢？”哥哥问。

爸爸费力地撑着妹妹，指着下面深陷的床垫说：“这就是爱因斯坦的广义相对论告诉我们的道理：我们的宇宙空间并不像一个硬邦邦的床架，而更像柔软可变形的气垫床。只要有物质，就会让周围的空间弯曲形变，就像我坐在气垫床上陷下一个坑，床边的物体会朝中心滑落，从而运动起来。这样，空间就和运动关联起来了。还记得漂流时我们发现的那个原理吗，运动得越快，时间就越慢。所以，宇宙里的时间、空间、物质其实是不可分的，宇宙诞生，时间和空间也就同时诞生了。”

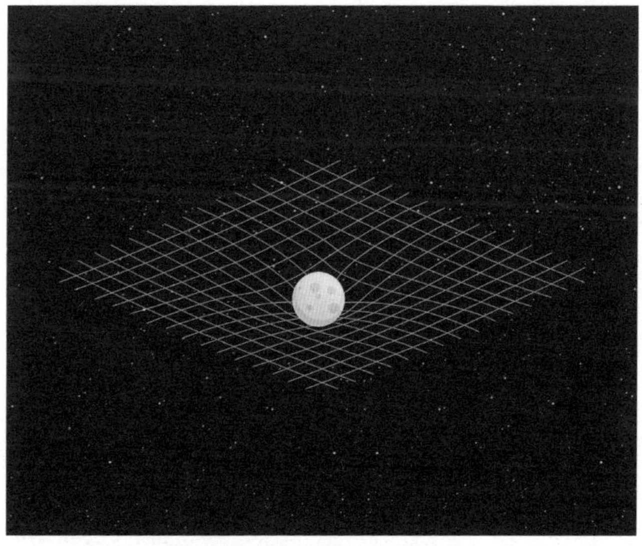

▲质量引起空间的弯曲形变

“哦，我想起来了！”妈妈插了一句，“中文里对‘宇宙’一词的解释是：‘往古来今谓之宙，四方上下谓之宇。’‘宇宙’这个词里既有空间，也有时间。”

“那宇宙诞生后一直在变动吗？它就不能安安静静地待一会儿吗？”哥哥说这话的时候，朝爸爸肩上动来动去的妹妹瞅了一眼。

“不能，真的不能。”爸爸接着说，“广义相对论认为，宇宙不会静止下来，而是一直处于运动变化之中。所以，其中的时间也不会停滞，除非宇宙不存在了。”

时间变慢的解释——广义相对论

广义相对论认为，空间可以像面团一样弯曲变形。而时间在有的地方会变慢，全宇宙没有统一的时间。时间和空间不可分割，融合在一起形成一种新的概念——“时空”。

空间会被物体所弯曲。星体越大，或者离星体的中心越近，空间弯曲得就越厉害，那里的时间越慢。地球把周围的时空弯曲成碗的形状，于是月亮、人造卫星可以绕着碗的内壁旋转。在越靠近地心的位置，空间弯曲得越厉害，时间也变得越慢，所以，平原地区的时间比山顶的时间走得慢一点点，虽然这要用很精确的仪器才能测量出来。2010 年，科学家用非常精密的光原子钟测量到，在地球表面高度仅仅相差 33 厘米的两个地方（相当于从脚踝到膝盖的高度），由于空间弯曲的程度不同，较低位置的时钟走得更慢一点儿。

▲由于在山脚，引力造成的空间弯曲更大，所以那里的钟比山顶的钟走得稍慢一点儿

PASTA

意大利字母面：时间的起源

雨渐渐停了，快到傍晚时，天边的星星开始露出踪迹。

一家人要做晚饭了，妈妈拿出意大利面和番茄肉酱。妹妹和哥哥想吃一种字母面，每个字母有指甲盖儿那么大，从 A 到 Z，各种各样。

煮开水后，爸爸抓了几把字母面撒进锅里，只见一个个字母在锅里上下翻腾，混合又分开。妹妹很想看看面是怎么煮熟的，就凑过去观看。哥哥问她在看什么，妹妹说：“我想看看这些字母能组成什么样的单词。”

“哈哈，你想找哪个单词？”哥哥问。

“我想找‘HI’。”妹妹回应道。

锅里的水渐渐变成了面汤。两个小脑袋凑在锅前，盯着上下滚动的字母，看到了一个 H，但附近没有 I，或者看到了一个 I，可是 H 在很远的地方。

过了一会儿，他们一无所获。妹妹就问爸爸，怎么才能找到一个“HI”。

“你们知道吗，”爸爸对妹妹说，“宇宙刚刚诞生时就像一大碗浓汤，浓汤里也有很多字母。这些字母不是 ABC，而是一些非常微小的粒子，它们杂乱地混合在一起。”

“是吗？那时的宇宙汤肯定很热吧！”妹妹问。

“是啊，比这锅面汤热得多。面汤的温度只有 100℃，而大爆炸后的瞬间，也就是 1 皮秒（万亿分之一秒）到 1 微秒（百万分之一秒）左右，宇宙温度有 10^{12}℃。在这么高的温度下，所有的微粒都在不停躁动，根本无法形成有规则的物质。就像我们这锅面汤，随着水上下翻滚，你们很难找到一个有意义的单词。随着时间推移，宇宙的温度逐渐下降，才有可能产生有意义的物质结构。”爸爸说。

水再次开了，爸爸调小火，字母们缓缓地舞动着。

爸爸接着说：“宇宙诞生后约 10 秒钟，宇宙的温度降到了 10^9℃。宇宙里的小微粒组合形成了第一个氢原子核与氦原子核。又经过几十万年，宇宙温度逐渐降低到 3 000℃，原子核和电子结合形成了第一个原子。”

“过了这么久才出现了第一个原子！”哥哥道，“然后呢？”

“宇宙到了 1 亿岁的时候，继续冷却，氢原子渐渐凝聚成恒星。恒星内部是一个巨大的元素加工厂，较小的原子合成较大的原子，其中有生命所必不可少的碳、氧、氮等元素，它们在恒星爆发时被抛射到太空中，为行星的诞生准备好了肥沃的土壤……”

“这么说，地球上的元素都来自遥远的恒星？”哥哥问。

“对，地球上的动物、植物、高山和大海的元素都来自恒星爆发后发射到太空中的残骸。说起来难以置信，我们其实都是散落在宇宙中的星骸。这些残骸并没有死去，而是以一种新的方式凝

▲龙虾星云（编号：NGC 6357）

聚起来。”

哥哥和妹妹瞪大了眼睛，不敢相信。

爸爸说完这些，关了火，锅里的字母都渐渐平息下来。妹妹突然发现，在锅底有一个 H 和一个 I 并列在一起，她开心地叫了起来：“HI！”大家都看到了那个“HI”。

爸爸把所有的字母都捞出来，一边盛到碗里一边说：“我们只用了十几分钟就找到了一个‘HI’。宇宙诞生后，等待了 138 亿年，才等到人类智慧生命的诞生。有一天，这个智慧生命终于和宇宙说了一声期待已久的‘HI！’”

爸爸给每人盛了一碗意大利字母面，拌上番茄肉酱。一家人开始吃晚饭了。

原子

原子通常由其中心的原子核和外围带有负电的电子组成。因为电子绕原子核旋转速度很快且位置不定，所以从显微镜下只能看到原子核外围的一圈“电子云”。

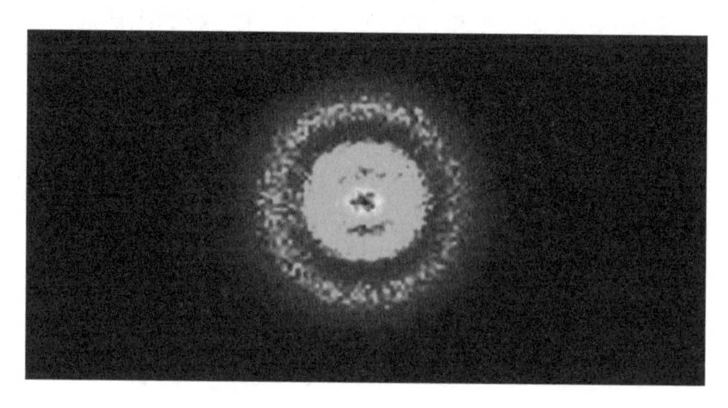

▲ 2013 年，人类第一次在显微镜下直接观察到了氢原子内部结构图像

最简单的原子是氢原子，其他原子都是在氢原子的基础上形成的。例如在太阳内部，每 4 个氢原子会合并成 1 个氦原子，合并的过程就叫作“聚核反应”，该过程会通过阳光和射线释放出大量的能量。多年以后，这些能量以另外的形式存储在了地球上的石油、煤炭里面。

原子结构示意图（下图）

核心是质子（红色）和中子（蓝色），紧密结合在一起形成原子核，外围是电子。

下图故意把原子核画得很大，实际上原子核只占原子很小的体积（虽然原子核汇聚了原子99.95%的质量），如右图所示的氦原子，中心的红色和蓝色分别为质子和中子。

碳原子

1Å = 100 000 fm

夜空是黑色的：时间之旅

晚饭后，哥哥和妹妹在帐篷外面铺了防潮垫，躺在上面看星星。雨后的星空像擦干净的玻璃一样熠熠生辉，星星仿佛近在咫尺。

“这里的星空好美啊！”妹妹感叹道。

“是啊，要是没有点点星光，我们的夜空将会多么单调。”妈妈说。

“妈妈，为什么晚上的天空是黑色的？”妹妹问。

“是因为晚上没有太阳的缘故吧？”

“天上的星星不就是太阳吗？”哥哥插嘴道。

“可那些星星距离我们太远了……”妈妈说。

哥哥拿出爸爸的数码相机，想拍一幅星空的照片。相机启动，显示屏点亮的一瞬间，哥哥突然想起了什么：“宇宙这么广阔，天上有这么多星星，就像显示屏的像素点一样密密麻麻。如果全部点亮它们，整个天空一定都亮了，可夜空为什么还是黑的呢？”

“你说得有道理，”妈妈说，“让我们问问爸爸知不知道。”

“爸爸，”哥哥转向爸爸，“天上那么多星星，为什么没有把夜晚的天空全部照亮呢？”

“你想知道为什么夜空是黑色的，是吗？让我想想。”爸爸说，“如果把夜空比作球幕影院，打开放映机后银幕立刻会被照亮。但是如果我们坐在一个超大型的球幕影院里，放映机离银幕非常非常远，以至于光要走亿万年才能照到银幕上，那么在光线到达之前，我们眼中的银幕就仍然是黑色的。”

“哦，对啊，”哥哥说，“昨天晚上我们说到星星的光是一路飞过来的，但它们不是同时飞到的。”

“对，还有很多星光在路上，所以夜空并没有完全被照亮。”

哥哥点点头。他把相机支在三脚架上，拍摄了一张星空的照片。

哥哥看着照片上的点点星光，又有了一个疑问：“可是如果时间足够长的话，我觉得星星发出的光还是能够照亮整个夜空的。”

“你的意思是说，如果时间是永恒的，那么无限长的时间足以让光线照亮天空，是吗？”

哥哥点点头。

“但你还记得早上我们说的吗，”爸爸说，“宇宙的时间其实是有限的。”

“我想起来了，宇宙从诞生到现在也就 100 多亿年。”哥哥说。

“对，在有限的时间里，从非常遥远的星星发出的光线仍来不及到达地球。所以在我们看来，天空中仍有许多地方是大片的没有任何光线的黑色。”

哥哥点了点头：“嗯，这个理由我服。”

“幸亏宇宙不是永恒的，”妈妈说，“否则我们就无法欣赏到美丽的星空了，甚至在露天睡个好觉也不可能了。”

“那黑色的夜空还有什么好处呢？”哥哥继续问妈妈。

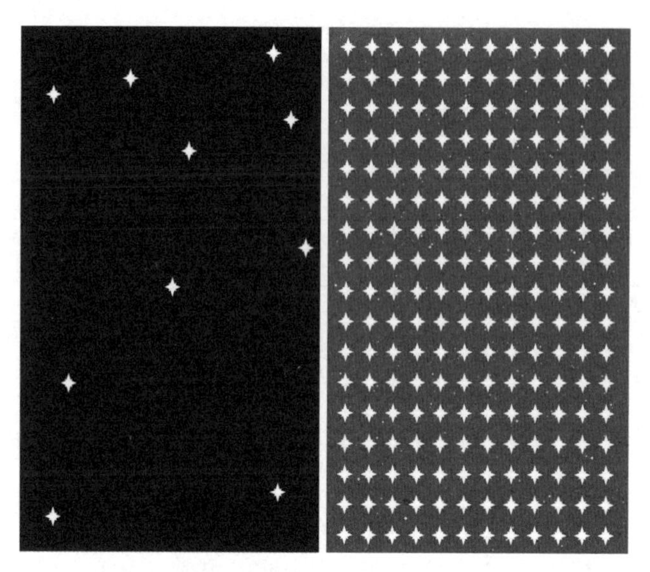

▲左上图：有限的时间内，星光无法把夜空全部照亮
右上图：无限的时间里，星星会把夜空全部照亮

“你发现没有，在黑夜里人们更容易敞开心扉。”妈妈说，“远古时还没有文字，晚上人们围坐在篝火旁讲述着古老的传说，度过了一个又一个安静的夜晚，也把美丽的想象一代又一代流传下来。”

…………

夜渐渐深了，一家人钻进了帐篷。哥哥突然有点饿，他翻出一块面包打算啃，忽然又想起了什么，便问爸爸：“妈妈讲的那个雨夜森林小屋的故事，你听懂了吗？”

“小屋里装了越来越多人的故事吗？”爸爸问。

“嗯。那个小屋怎么装得下那么多人呢？”

“是啊，”爸爸说，“除非它在不断地膨胀。”

“怎么膨胀？”

“就像你手里的葡萄干面包啊。”爸爸说，“和好面时，它只是一小团，放到烤箱里之后就慢慢地膨胀变大。”

“哦。”哥哥低头看了一眼手里的面包。

“其实你发现没有？”爸爸接着说，“烤面包之前，里面的葡萄干密密地堆在一起，而面包膨胀时，葡萄干之间的距离也越来越远。同样的，科学家朝宇宙的任何一个方向看去，都会发现其他星系在远离银河系，这说明我们的宇宙空间也在膨胀，最终它盛得下数以亿万计的星系。在面包膨胀的过程中，它的体积越来越大，同样，宇宙在膨胀的过程中，空间也越来越大。”

哥哥扭头对妈妈说：“妈妈，你讲的那个雨夜中森林小屋的故事，说的是这个意思吗？”

“我听你们讲得很有趣啊。”妈妈说，“不过，我讲那个故事的时候可没有想那么多呢！”

“那你那时想的是什么？”哥哥问。

“人的胸怀也可以从很小变得很大，不是吗？”妈妈说。

“怎么变大呢？”

“一个人小的时候，他的心里只装得下快乐，装不下痛苦；等到大一些，他渐渐能容纳自己的快乐和痛苦了；再后来，他的内心可以接纳别人的快乐和痛苦，甚至能够容纳别人的愤怒和嫉妒。就像舜对待他同父异母的兄弟象那样，象曾经嫉妒舜，几次想害舜，但舜不为所动，仍然包容象，以激发他兄弟内心仍存留的那一点儿善良的人性，最终兄弟和解。人的胸怀是不是也会变得越来越大呢？”

哥哥点点头，好像被什么触动了。

一家人很快睡下，帐篷里的灯熄灭了。哥哥慢慢闭上眼睛，夜空里的群星却似乎仍然在他眼前闪烁。

夜空呈现黑色的另一种解释

这一解释来自美国作家爱伦·坡的科学哲学散文《我发现了》。为了易于理解，我们用下面例子来描述：假设有一颗球形夹心巧克力，核心是一粒花生，代表我们居住的地球，花生外面是一层层呈同心球分布的巧克力薄层，每个薄层上均匀点缀着一些碾碎的榛子颗粒，代表天上的恒星。越靠近外层的巧克力薄层上，榛子颗粒越多，即那一层分布的恒星越多，也越有可能把天空给照亮；但越靠近外层，星星距离地球越远，星光越暗淡，就越不可能把天空照亮。经过计算，二者的效应刚好抵消，即使远处有无限颗恒星，它们的亮度也不会因此而增加。所以，我们的夜空看起来仍然是黑色的。

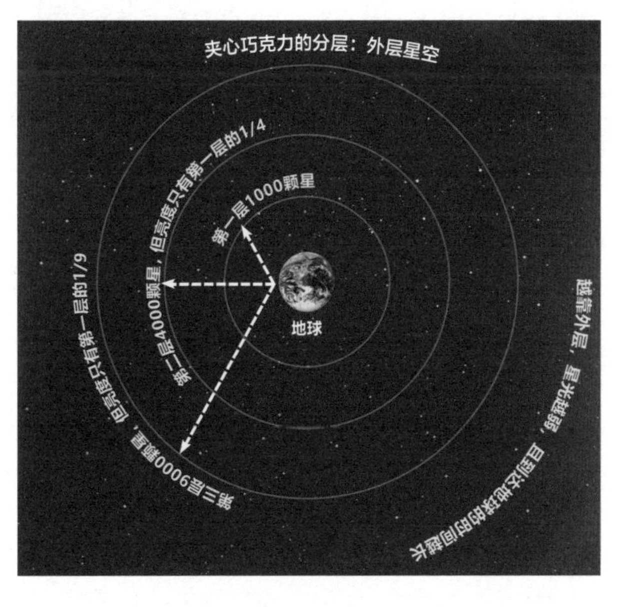

分不完的饼干：最短的时间

星期天早上，大家还在睡梦中，突然听到妈妈的尖叫声："老鼠！"

"在哪里？"爸爸喊道，顺手抄起了雨伞。

妈妈拿着一个包装袋，开口朝下抖了抖，却什么也没有倒出来。"老鼠把我们的饼干都偷走了，我们的早餐没了……"她失望地说。

"我还有一块！"妹妹得意地拿出一块饼干，这是她昨晚放在枕头边的，成了唯一幸存的饼干。

“我也想吃！”哥哥喊道。

“就不给你。”妹妹说。

“哥哥也没有东西吃，你们分一下吧？”妈妈从中调解。

妹妹噘着嘴想了想，同意了。她拆开包装袋，拿出饼干，掰成两半，分了一半给哥哥。哥哥接过去，一下就放进嘴里大嚼起来。妹妹把自己那半块饼干又掰成两半，吃掉其中一块，剩下的一块拿在手里，接着继续掰成两半，然后又只吃了其中一块。妹妹手上的饼干越来越小，但始终有一小块。

哥哥看着妹妹发明的这个新吃法，很好奇：“你准备分到什么时候呀？”

“我可以一直分下去。”渐渐地，妹妹手上的饼干从一小块变成了米粒大小的颗粒，可是她仍在努力地把饼干分成更小的颗粒。

爸爸倒了杯牛奶递给哥哥。

“妹妹想把这么一小块饼干一直分下去。”哥哥说。

“是吗？我们一起来看看妹妹可以分到多小。”爸爸说，“对了，你有没有听过一种说法：‘一尺之棰，日取其半，万世不竭。’”

“那要分到什么时候啊！我可等不了万世。”哥哥说。

“不过那些星星可以啊。”爸爸提醒他。

“对了，”哥哥又想起了什么，“昨天躺下以后我没有马上睡着，你们知道我在想什么吗？”

“想我的饼干！”妹妹笑着插嘴道。

“别打岔。”哥哥停了一下继续说，“我在想，所谓的‘万世’大概就是宇宙里最长久的时间吧？它有 138 亿年。那么反过来，宇宙中最短暂的时间到底有多短呢？刹那、顷刻、弹指、霎时，它们究竟有多短？比这些时间更短的时间又有多短呢？”哥哥问爸爸。

“你想知道把时间无限分割下去，会得到什么，是吗？”爸爸问。

“对。”

“这不就是妹妹正在做的吗？”爸爸说，“她把饼干分下去，得到 1 厘米、1/2 厘米、1/4 厘米的饼干，这样分下去你觉得有极限吗？”

哥哥挠了挠头。爸爸笑着从草丛里捡起一粒橡子，对兄妹俩说：

“让我们试一试。这里有一颗橡子，如果想把它分成更小的部分，你们会怎么做呢？”

“用石头砸！”妹妹抢先说道。

“对，这是个好办法。”爸爸把橡子放在一块平整的石头上，用另一块石头用力砸。橡子的壳碎了，露出了里面的果实。“同样，对于像原子这种微小的粒子我们也可以这么做。古希腊人曾认为原子是一种不可再细分的粒子，100 多年前科学家也证实了原子的确存在。那么，怎么知道原子是不是最小的粒子呢？科学家们想到，用高速飞行的粒子去撞击原子，看能不能撞出更小的东西来。”爸爸说。

“那他们从原子里撞出了什么呢？”哥哥问。

“一种更小的带负电荷的粒子，就是昨天我们所说的电子。但是电子很轻，所以原子的绝大部分质量分布在其中心的原子核里。”爸爸说。

“那原子核还能分得更小吗？”哥哥继续问。

“继续撞击原子核，科学家又发现了质子和中子。这两种粒子呢，是由更小的夸克组成的。科学家虽然还没有发现夸克是由

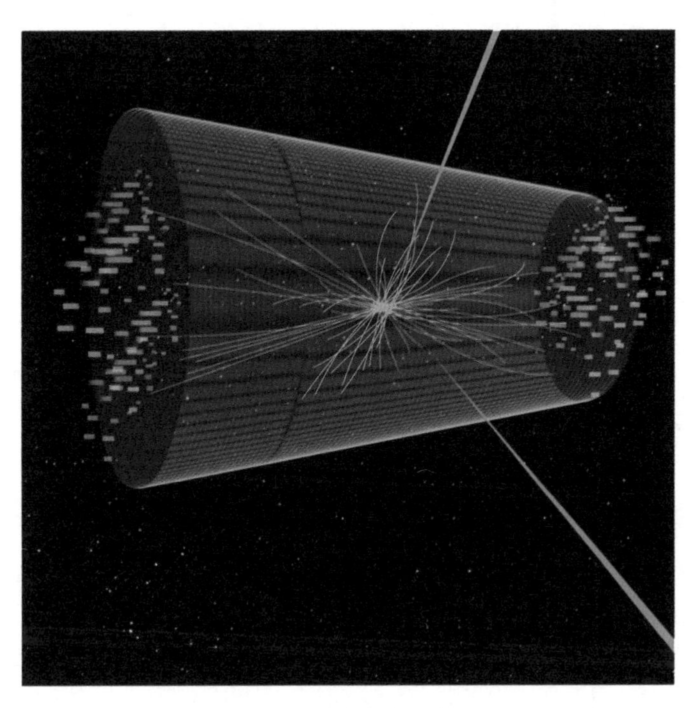

▲粒子碰撞，产生更小的新粒子

什么构成的，但是他们不能肯定夸克就一定是最小的微粒。”爸爸说。

哥哥有些失望，看来找到最小的粒子并不那么容易。“那时间呢？一直分割下去的话，会有尽头吗？”

“从数学上讲，时间可以无限分割下去。但是当时间的精度低于

1 阿秒，也就是把 1 秒的十亿分之一再分割 10 亿次，目前人类的仪器就无法捕捉到了。不过，人们的想象力并没有受仪器的局限而止步，德国物理学家普朗克计算出了这样做下去的极限。”

“这个极限是多少？”哥哥又看到了一线希望。

“普朗克计算出一个不能再短的时间，它相当于把 1 秒分成 10^{43} 份，叫作 1 个普朗克时间。任何时间都只能是它的整数倍。”爸爸说。

“这就是时间分割的极限？”妈妈问。

“对，这个时间的极限乘以速度最快的光速，就是宇宙最小尺度的极限。也就是妹妹手里的饼干能够分割成的最小尺寸的极限。这个尺度大约为 $1/10^{35}$ 米。”爸爸说。

“这到底有多小？”妹妹好奇地问。

“科学家用现在最先进的显微镜可以勉强观测到一个最小的氢原子的图像。但是如果把氢原子比作整个银河系，那么最小尺度就像是地球上的一粒芝麻。”爸爸说。

妹妹的饼干已经小得几乎看不到了，粘在她小小嫩嫩的手指尖上。她把眼睛凑近手指尖，几乎看不到那个很小的饼干渣了。最后，她干脆把指头放进嘴里，吮吸掉最后的饼干渣，然后嘴角上扬，眼睛眯成了一条缝。

简单的早饭吃完了。半晌午，他们开始拆帐篷，收拾行李，装车后返程了。

时间的分割

● 毫秒：千分之一秒，普通相机曝光的最短时间。光每毫秒可以传播 300 千米。最快的脉冲星旋转一次需要 1—2 毫秒。苍蝇振动一次翅膀需要 3 毫秒，而蜜蜂需要 5 毫秒。在中国和欧洲，交流电每 20 毫秒变化一次。

● 微秒：百万分之一秒，光在这段时间内可以传播 300 米。石英表里的振动元件振动一次大约需要 32 微秒。

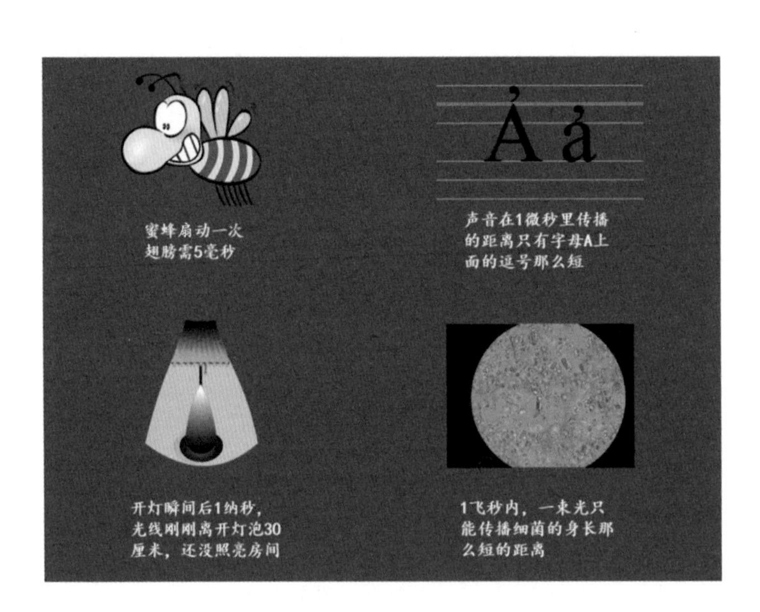

• 纳秒：十亿分之一秒，光线只能传播 30 厘米。开灯瞬间后 1 纳秒，光线刚刚离开灯泡，还没有照亮房间。蓝牙设备在 1 纳秒内能发出两个脉冲信号。

• 皮秒：万亿分之一秒，波长为 0.3 毫米的无线电信号的周期。

• 飞秒：千万亿分之一秒，紫外光的周期。一束光在 1 飞秒内只能传播细菌的身长那么短的距离。

本章深入阅读书单

关于时间变慢以及相对论，请参考[1][3]。

关于时间以及宇宙的起源、大爆炸、恒星产生等，请参考[2]。

关于时间是无穷无尽的还是有个源头的讨论，请参考[4]。

关于“现在”是否存在，请参考[5]。

关于夜空是黑色的解释，请参考[6]。

[1]《人类的攀升》，[法]雅克布·布洛诺夫斯基/王笛、任远、邝惠 译，百花文艺出版社，2015

[2]《最动人的世界史：我们的起源之谜》，[法]于贝尔·雷弗、若埃尔·德·罗斯内、伊夫·科佩恩、多米尼克·西莫内/吴岳添 译，复旦大学出版社，2006

[3]《七堂极简物理课》，[意]卡洛·罗韦利/文铮、陶慧慧 译，湖南文艺出版社，2016

[4]《时间是什么》，[英]亚当·哈特－戴维斯/王文浩 译，湖南科学技术出版社，2017

[5]《时间之问》，汪波，清华大学出版社，2019

[6]《我发现了》，[美]埃德加·爱伦·坡/曹明伦 译，湖南文艺出版社，2019

致谢

记得2018年草长莺飞之际，我开始构思《时间之问·少年版》。怀揣着出版社的嘱托，我的思绪如植物般滋长，朝各个方向抽条发枝。之后，这些枝条的绝大部分虽已长大，却并没令我满意，因而无法逃脱被忍痛剪掉的命运。久违的灵感在绿树浓荫的夏至那一天悄然而至，冥冥中暗示我，夏日就应该走出家门，跟孩子到山间溪边，与星光虫鸣做伴。一家人就这么上路了。

初稿完成，我返回来补写全书的第一节。随着键盘声，最后一句话显示在屏幕上："是的，他（爸爸的心）已经到家了。"这行字立刻在我眼前模糊起来，只有镜片上的雾气和眼眶里温热的水珠在悄然流转。静下来后，我嗅出了这不期而至却又熟悉的感觉，它曾多次在我写作正酣时对我发动突袭。我自问：难道是这些小小的水滴浇灌了我的作品？这对于一本科普书来说似无必要，此前我一直如此认为。现在我明白了，它不属于理性的管辖之地，却是我们之所以是人类的凭据。

写作是一场修行，感谢所有支持和激（刺激）励（鼓励）过我的人。

感谢女儿和你纯真好奇的大眼睛。我们蜷在一起阅读、嬉戏、一问一答，你贡献了一个又一个的“为什么”。感谢家人，你们的陪伴为这个野外旅行故事提供了源源不断的灵感。

感谢行距文化做我坚实的后盾。身兼资深出版人和孩子母亲双重角色的毛晓秋女士，对书稿的完善提出了双份见解。她把诸多干扰屏蔽在我的笔尖之外，还跟博雅小学堂一起策划了本书的音频节目。

感谢广西师范大学出版社神秘岛公司的资深编辑们对本书的精心锻造，他们提出了知识盒子的好点子，并搭配了漂亮的手绘插图，还不遗余力地挑出隐藏的“虫子”。

感谢您，读者！只要书里的故事能使您生发一点儿兴趣的种子，我就会很高兴，相信这种子会在未来的时间里继续萌发。期待听到您的反馈意见，只需通过这个神秘的传输门：wangbo.i@qq.com。

谨向所有的少年致敬！

汪波

2020年1月1日